The Series of Teaching and Learning Packaging Design
The Course of Packaging

包装设计教与学丛书

包装设计教程

宋钦海 编著

辽宁美术出版社

图书在版编目（CIP）数据

包装设计教程 / 宋钦海编著. -- 沈阳：辽宁美术出版社，2014.5（2017.6 重印）
（包装设计教与学丛书）
ISBN 978-7-5314-6212-5

Ⅰ. ①包… Ⅱ. ①宋… Ⅲ. ①包装设计-高等学校-教材 Ⅳ. ①TB482

中国版本图书馆CIP数据核字(2014)第090554号

出 版 者：辽宁美术出版社
地　　址：沈阳市和平区民族北街29号　邮编：110001
发 行 者：辽宁美术出版社
印 刷 者：沈阳绿洲印刷有限公司
开　　本：787mm×1092mm　1/16
印　　张：8
字　　数：135千字
出版时间：2014年5月第1版
印刷时间：2017年6月第4次印刷
责任编辑：彭伟哲
封面设计：范文南　彭伟哲
版式设计：彭伟哲
技术编辑：鲁　浪
责任校对：李　昂
ISBN 978-7-5314-6212-5
定　　价：58.00元

邮购部电话：024-83833008
E-mail: lnmscbs@163.com
http: //www.lnmscbs.com
图书如有印装质量问题请与出版部联系调换
出版部电话：024-23835227

包装装潢是社会市场经济不可分割的一部分，是伴随人类社会发展而发展的。

自改革开放以来，随着各项政策的实施，国际间各个领域的沟通与交流，促进了我国经济的空前发展。市场繁荣、个人生活的富裕，在丰富多彩的物质生活中，人们对高档次、高品位商品的需求越来越强烈。随着国际贸易的发展，我国大量商品进入国际市场。过去我国出口商品“一等货，二等包装，三等价格”的面貌正在改变。经济的发展促进了包装事业的发展；包装事业的发展又在商品面貌的改观中起到了举足轻重的作用。

改革开放以来，世界先进国家的高档次商品入潮般涌入国内市场，让国人大开眼界，国外先进技术、先进设备的引进，又促进了我国生产技术生产水平的大改观，产品品种日益丰富，产品质量迅速提高。无论是消费者还是企业家都迫切的地要求包装装潢走上新的境界，以适应这刻不容缓的急迫切的客观现实。每个国家都在繁荣和发展自己的经济，争先恐后地占领国际市场。作为技术有一定的保密性，可产品和包装不能保密，而是让你接受的越多越好，以其精美和高贵的产品和包装在消费者心目中树立自己的形象和信誉，在纷繁激烈的市场竞争中立于不败之地。现代科学发展的新成就已经深深地影响和融入了现代设计中，给我们带来了新的审美观和价值观，直接推动了包装装潢事业的发展。电子技术及其他科学技术手段的运用使包装装潢从设计、印刷到市场运销，都发展到崭新的阶段，已远远超出了“包”与“装”的概念。它已广泛涉及到了社会学、美学、生理学、心理学、经济学、销售学、材料学等等。这就要求设计家们除了具备本学科精湛的艺术修养和丰富的表现手段外，还应更多更快地积累其他学科知识，并及时掌握了解不断变化的经济脉搏和包装装潢的发展趋向。让自己的设计思想始终立于超前的境界。

目录

包装装潢的艺术特性

◯包装装潢是直接装饰美化商品的一门艺术，是直接为经济、为消费大众服务的，是消费大众日常生活不可分割的一部分。

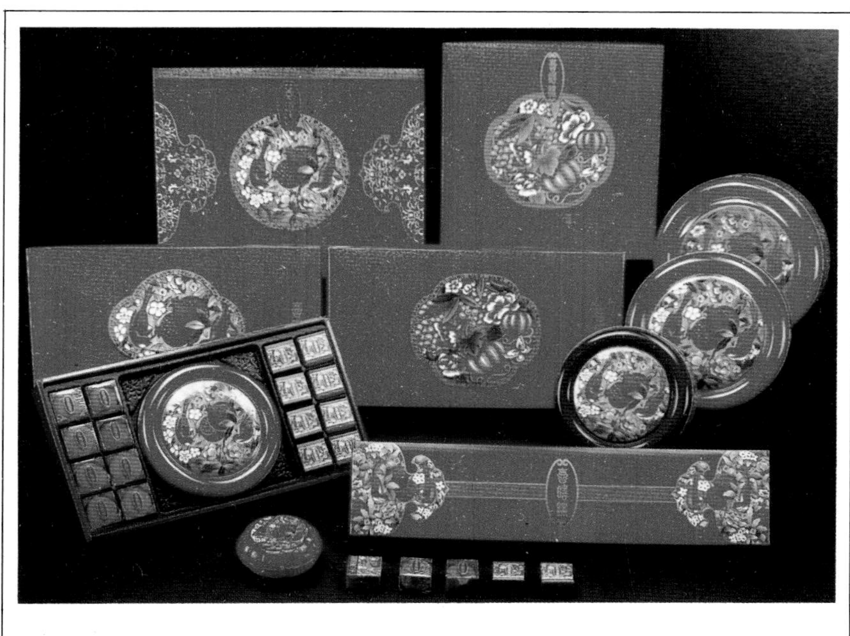

KAYTEE.
FOR PARROTS
LONG-LASTING
MORE
HONEY
TREAT·STICK
KAYTEE.
FOR PARAKEETS
LONG-LASTING
MORE
HONEY
TREAT·STICKS
KAYTEE.
FOR COCKATIELS
LONG-LASTING
MORE
HONEY
TREAT·STICK
NET WT 4 OZ (113g)

包装装潢是直接装饰美化商品的一门艺术。它同其他绘画艺术不同，绘画艺术多偏重于欣赏性，而包装装潢则是以其经济性为目的，从其艺术语言和艺术规律上讲，它与绘画艺术既有共性，又具其个性。因为它是直接为社会经济服务的，又称“实用美术”和“商业美术”。社会经济离不开商品，走进百货商场，柜台里货架上，大小商品琳琅满目，数不胜数，哪件没有包装！商品是直接面向消费大众的，包装和市场便是生产和消费者最好的媒介，因此，包装就要受市场形势和消费者欣赏口味的制约。一个较完美的包装设计不能只从画面上评价其优劣，要以市场情况和消费者的接受程度为标准，不能随心所欲自我欣赏。一个成功的设计者除了要掌握现代的生产工艺、材料变化等，还应经常地调查了解消费大众的需求心理和时尚变化。经常的市场调查，是掌握消费心理的最好环节，它能准确地了解不同层次的消费者的需求心理和水准，也是检验设计者成功与否的客观标准。除此而外，还应及时了解掌握国内外市场包装装潢的发展动向、趋势等最新信息。

总之，包装设计不是孤立存在的，不像一幅画那样任人由不同的角度、不同的心理和不同的水平去评价、去欣赏，它仍不失自己的价值。而包装设计却是直接为经济、为消费大众服务的，是消费大众日常生活不可分割的一部分，这就形成了包装装潢与众不同的基本特性。

FUSSO
COAT
FLUOROCARBON SUPER CAR WAX
"HARD & TOUGH" COAT FOR YOUR CAR
フッ素コート
ホワイト車用
SOFT99

2

包装装潢的功能

◯保护商品

◯美化商品

◯包装使商品卫生化

◯促销功能

La Belle
Cassata
Premium European Dessert La Belle
La Belle
Spumone
スプモーネ

1. 保护商品

保护商品是包装装潢最基本的功能。从历史追溯，自有商品交换的年代起，开始并无装潢，只是简单的包装，只起到保护商品的作用。随着社会的进步，商品只通过简单的包装已经满足不了人们的需求，逐渐开始了美化包装，这就是“包装装潢”完整的含义。所有产品大都离不开固态、液态、粉末、膏状等物理形态，有坚硬的，有松软的，有轻的，有重的。由生产线（机械的或人工的）生产出成品后，要经过多次搬运、库存、装御，最后摆到柜台方能与消费者见面。这许多过程必然要产生冲撞、摇震、挤压、受潮、腐蚀等破坏，如何能将其损失减小到最低程度，充分体现包装的基本功能，这就需要好的包装，包括完美的设计，合理的用料，在促销过程中便于运输和装卸，便于保管与储存，便于携带与使用，便于回收与废弃处理等。

2. 美化商品

当今激烈的市场经济竞争中，精美高贵的包装装潢越来越显示出其独有的魅力。商品只有经过精心的装饰、美化，才能提高其自身价值，促进消费者的购买欲，让人们从喜爱到占有。产品包装装潢的优劣往往会直接关系到一个企业的经济效益甚至生存。“货卖一张皮”精辟地说明了包装装潢与商品价值之间的关系。举化妆品为例，有些化妆品每瓶膏液成本只需几角钱，可经过包装之后其销价就能增至十几倍乃至几十倍。再例如有些礼品往往包装装潢的成本远远大于商品本身的成本。可见商品经过美化以后的经济价值所在。

3. 包装使商品卫生化

随着社会的现代化，环境污染已逐渐成为世界性灾难。尤其日益增多的食品的卫生化尤为重要，因为它直接关系到人类的身心健康。商品卫生是社会商品流通的基本原则。

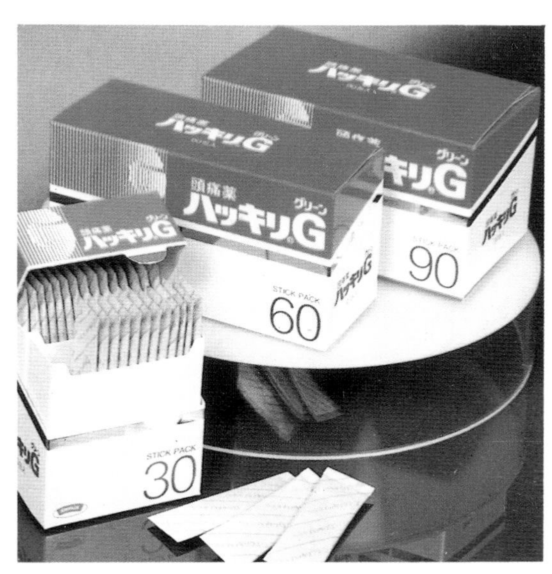

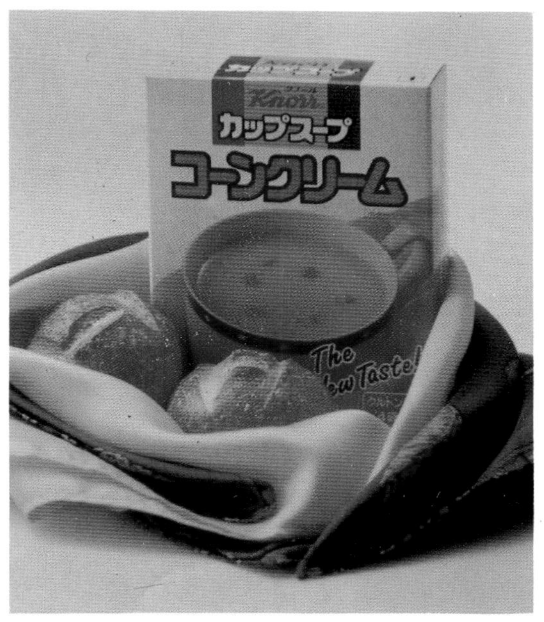

搞好商品卫生化，一是做好对产品本身的防腐、防变质处理，再就是包装的科学化，不断启用新材料改进落后包装，极大限度地延长商品储存寿命。

4. 促销功能

在没有服务员推荐和介绍的自选商场柜台货架上，包装的促销功能最能显示出独有的生命力。一个包装首先作用于人们的视觉，由视觉反映到心理，视觉感受心理作用形成印象，决定了购买欲。一个好的包装本身就是一个好的自我推销员、宣传员。

一个好的包装，要给人以美感，要让人喜爱，这无形中就起到了传递信息的作用。信息的传递和自我推销是相辅相成的。另外，信息的传递还和产品本身的质量和信誉是紧紧相关的。很多假冒伪劣商品就是盗用了人们心目中的美好包装形象（有的是品牌信誉），鱼目混珠。可见信息的传递和自我宣传是包装很重要的功能。

建国以来，对包装设计相继提出了“实用、经济、美观”、“保护商品、美化商品、宣传商品”和“科学、经济、牢固、美观、适销”等方针，所有这些，都不外乎集中体现了包装装潢的物理功能、生理功能和心理功能。

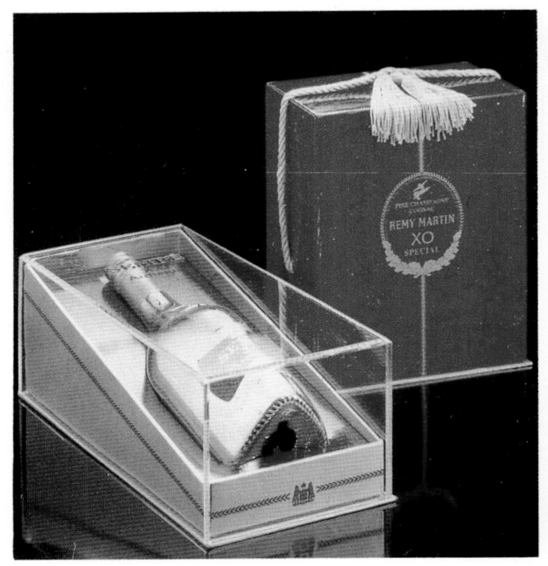

3

商品属性

◯包装装潢的商品性是指所有设计都是为商品和促销服务的，而商品属性则是指具体的各类商品的不同属性形式概念，即不同类别的商品有不同的结构形式、不同的画面构成形式和不同的色调倾向等。

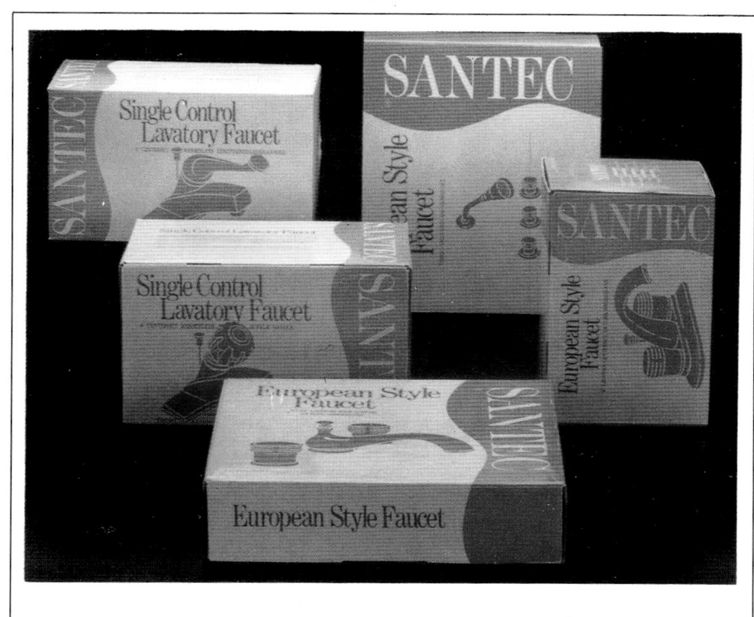

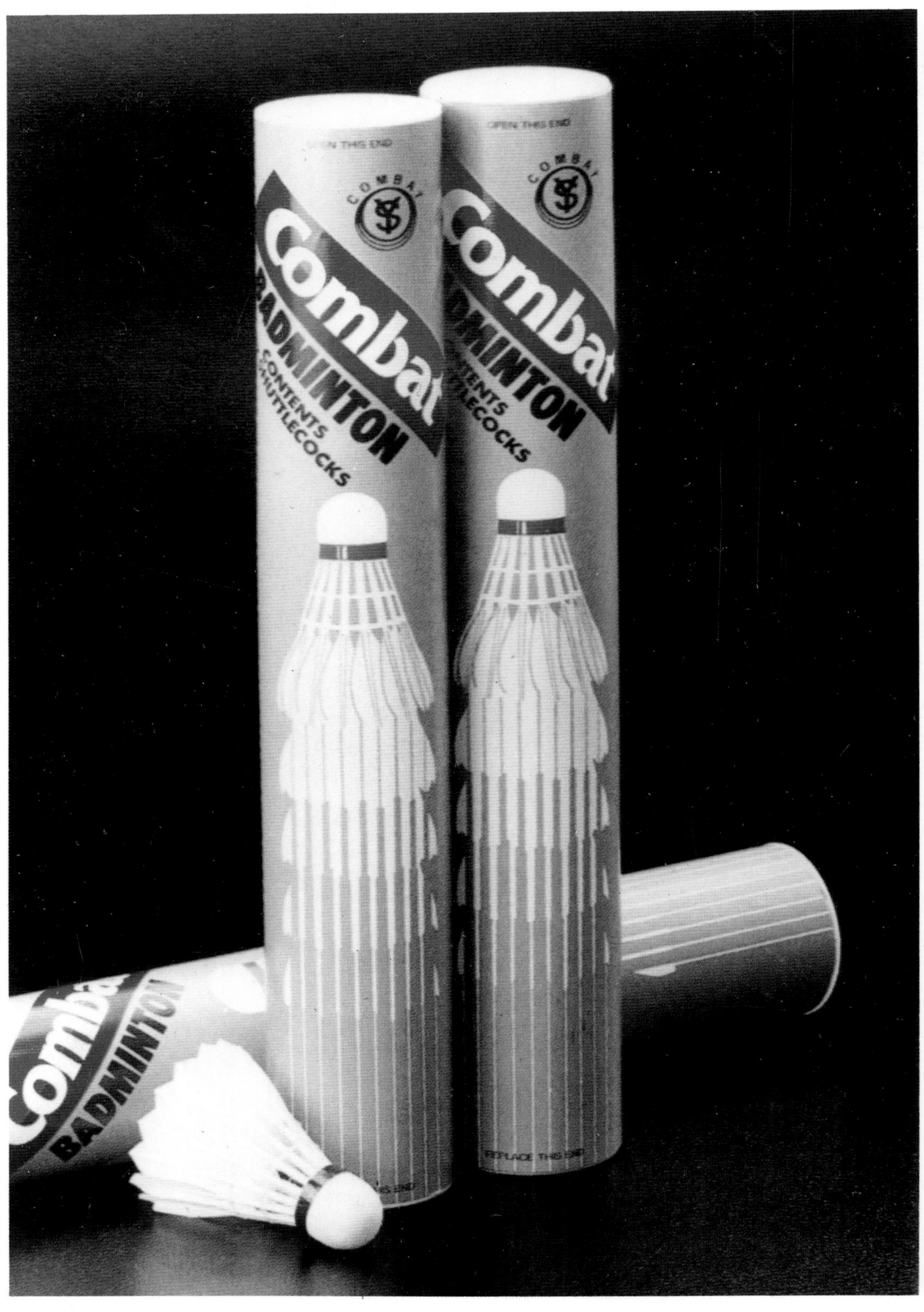
OPEN THIS END
COMBAT
Combat
BADMINTON
CONTENTS
REPLACE THIS END

包装装潢的商品性是指所有设计都是为商品和促销服务的，而商品属性则是指具体的各类商品的不同属性形式概念，即不同类别的商品有不同的结构形式、不同的画面构成形式和不同的色调倾向等。其中构图和色调是区别商品属性的主要因素。例如牙膏和鞋油这两种应用区别鲜明的产品，同是锡筒套外盒包装形式，无论从体积、比例还是包装形式看都极相似，但从设计处理上要体现其各自的个性特点，要让人一看就会区别出哪个是牙膏，哪个是鞋油来，不至于混淆。同是玻璃瓶包装的酒类设计，白酒、啤酒、果酒、洋酒都有各自的属性特色。不论摆在货架上和柜台里，让人一眼就认出自己所需要的酒类来。一般白酒用色和构图比较庄重、华贵、浓郁，体现地方酒文化历史，主体文字多以行、草、隶、篆等书体为主，色调以暖色为主，局部用金、银、电化铝等，给人以浓烈、热量之感受；啤酒则用色简练，多以冷调为主，给人以清凉爽口之感；果酒用色和构图比较活泼一些，画面要表现不同的原料形象，如山楂、葡萄、雪梨、弥猴桃等，其果品形象可写实，可抽象；洋酒构图多以对称形式为主，严谨、简练，用色少，文字图案紧凑集中，留有大面积舒畅的空间，给人以高贵悠长的感受。另外，瓶型之多变和制作工艺之精湛是目前国内难以效仿的。化妆品包装另具一番姿态，多以精巧多变、材质高雅温馨的系列化瓶型吸引观众，色调为轻柔温馨的中间色，图案文字精练集中，充分表现了造型和材料美；儿童的用品、玩具及食品等包装则构图丰满，色彩斑斓跳跃，颇能抓住儿童视觉，充分表现儿童的心理世界。

商品属性是客观的，是多少年来在人们的视觉和心理感受上对商品形成的习惯概念。是不能轻易地凭主观意识随意改变的。这种商品属性也可以看作是一种形式规律。然而商品属性是有国度的，不同的国家，不同

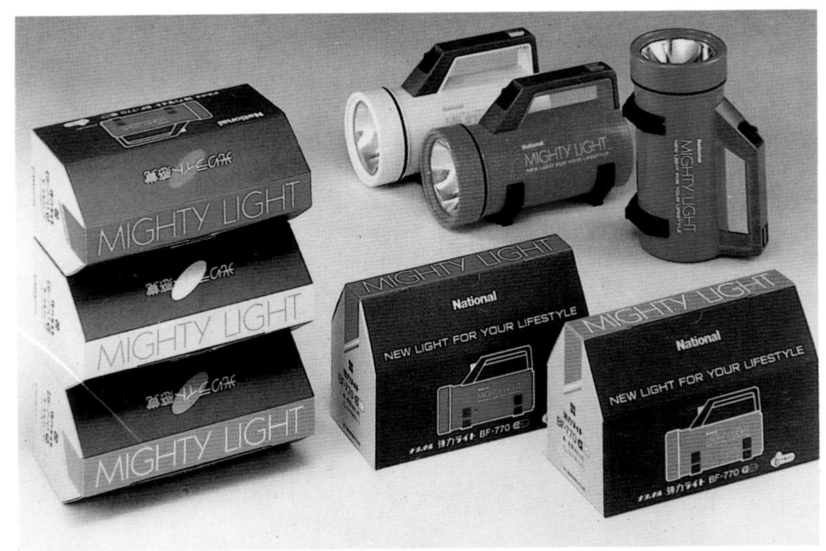

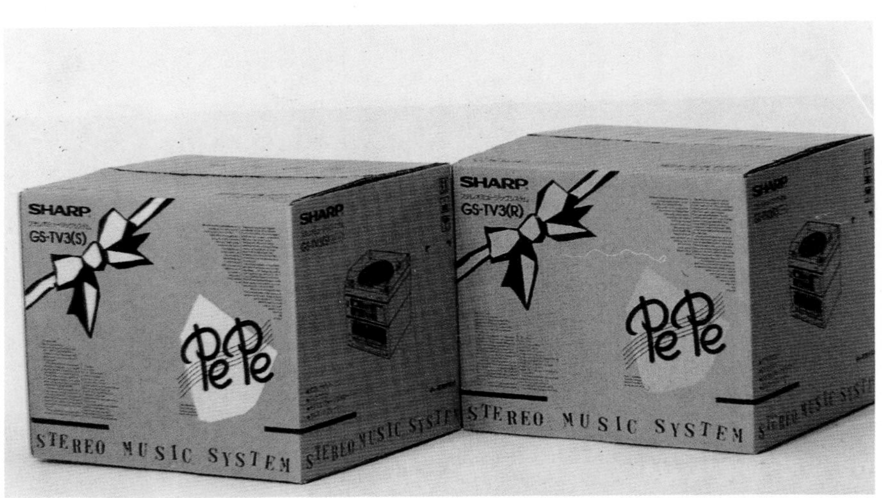

的民族，不同的地区，都有其自己传统的属性概念，尤其现代社会经济发展，进出口贸易繁荣，很多出口包装就要针对不同国度人们的习惯属性进行设计定位。

尽管不同国度不同民族的商品包装属性有别，但人类对色彩色调的感受还是共同的，如食品包装多以红、黄、绿等暖色调为主，给人以食欲和热量；轻工商品多以蓝、黑等冷调为主；化妆品以粉绿、粉红、淡紫等间色为主调。药品包装多以宁静稳定的构图和色调突出药品的属性特征。

商品属性问题，是任何一个包装设计者都应认真对待的。失去商品属性的设计就将不伦不类，不能更准确地传递商品信息。

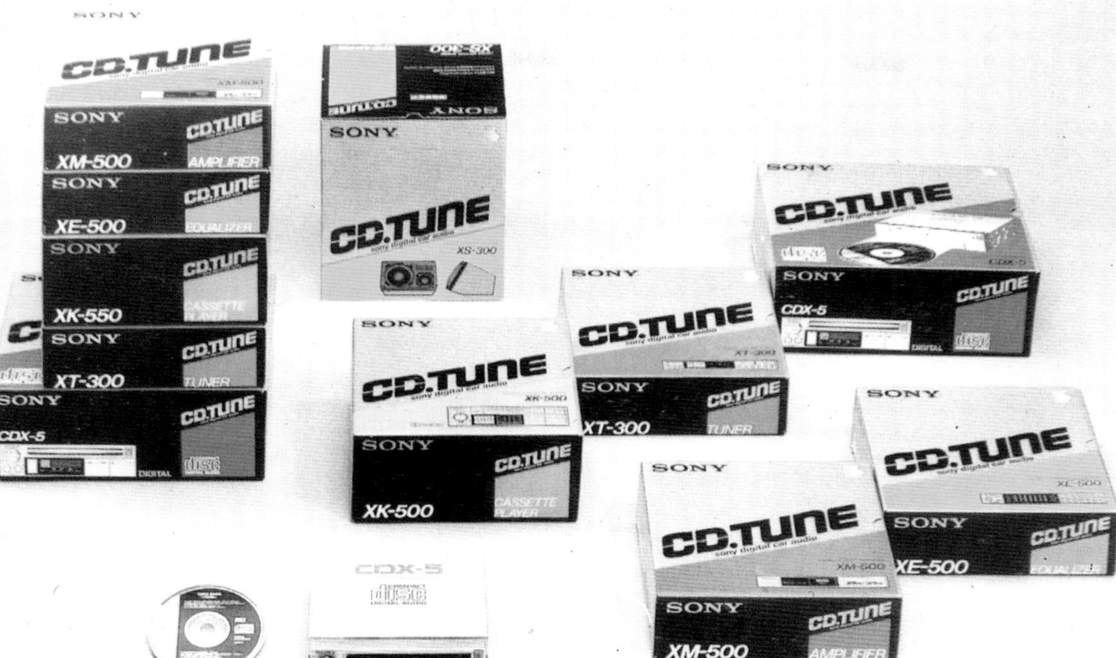

SONY
CD.TUNE
XM-500
AMPLIFIER
XE-500
EQUALIZER
XK-550
CASSETTE PLAYER
XT-300
TUNER
CDX-5
DIGITAL
XS-300
XK-500
sony digital car audio
CDX-5

PURE CARE
SEPIENA
ESSENCE LOTION
UV
MOISTURE MILK
CLEANSING JELL
MOISTURE CREAM
UV

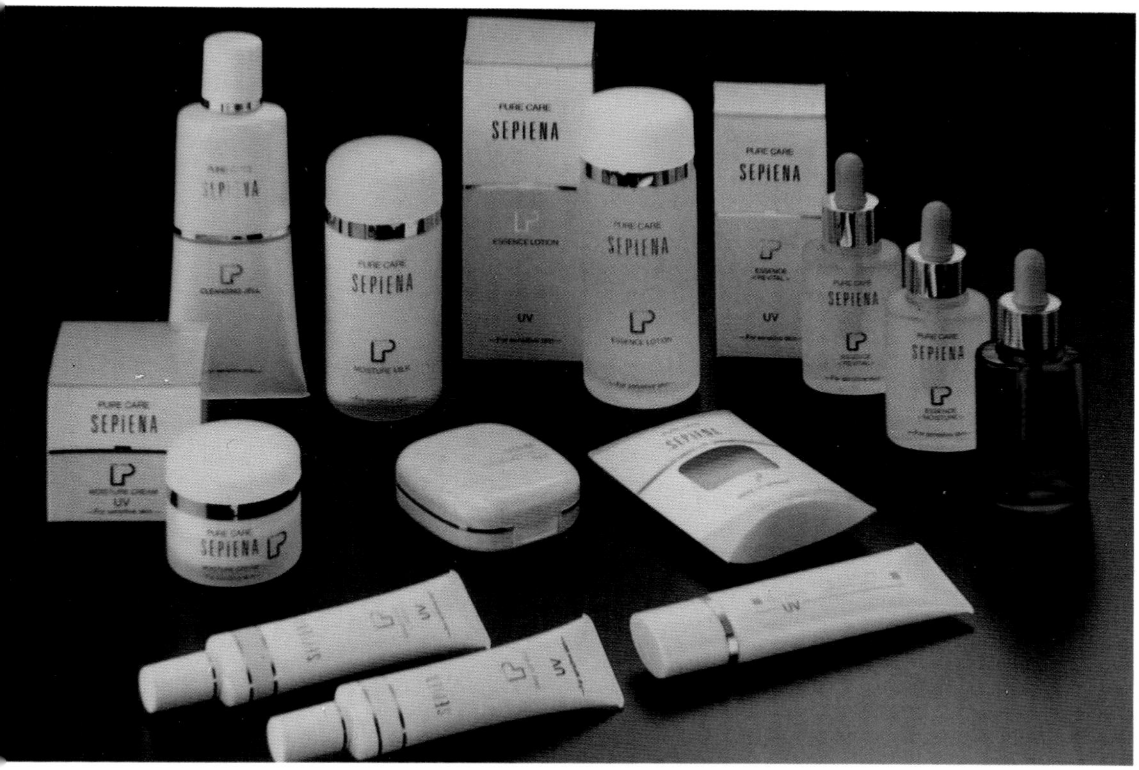

FLOUVEIL
FLOUVEIL
MOISTURE PACK
FLOUVEIL
MILK LOTION 77
FLOUVEIL
ESSENTIAL LOTION 77
FLOUVEIL
SKIN FRESHENER 77
FLOUVEIL
FACIAL MASSAGE 77
FLOUVEIL
CREAM 77

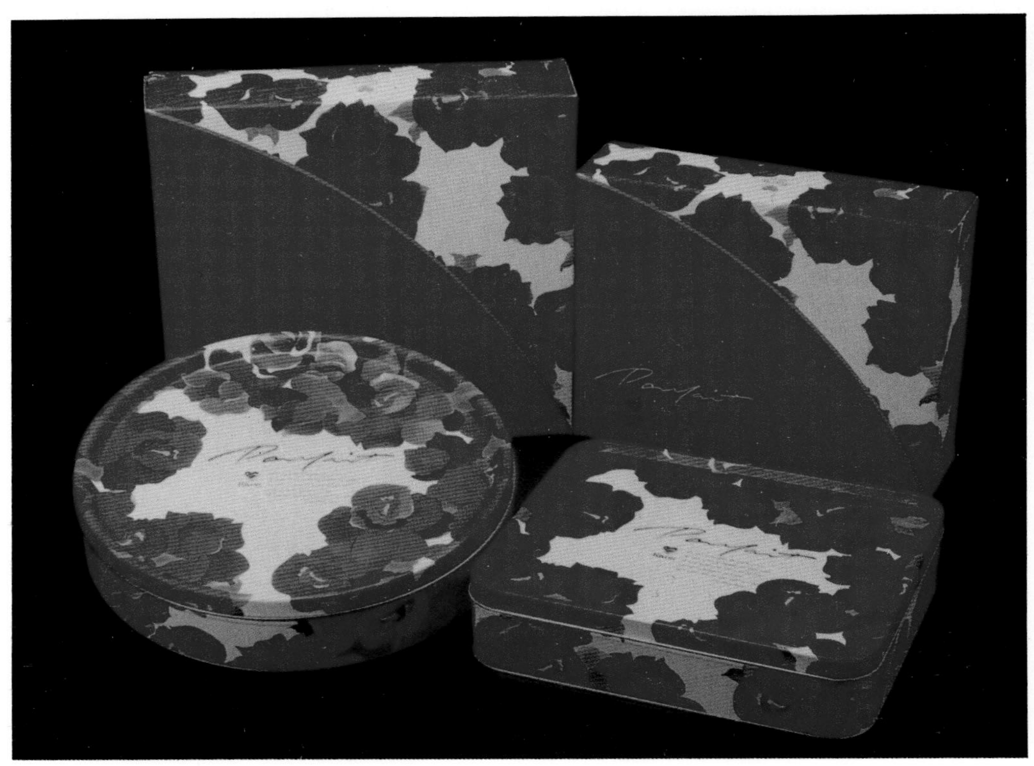

LANGS
SELECT
12
SCOTCH WHISKY
LANGS

BRANDY
XO
BRANDY
XO

精選
高
粱
高
粱

フタバ
鬼の金棒
種類別 ラクトアイス
100円
無脂乳固形分10.0%
植物性脂肪分 6.0%

フタバ
キャラメルバー
50円
ラクトアイス

韩国技术 世界王牌
ICE
东方
果酱红心脆
王草莓

MELON
STRAWBERRY
SWISS ROLL
MOCHA
RAISIN
黒糖
KOKUTO
VANILLA
スイスロール メロン
スイスロール ストロベリー
スイスロール モカ
スイスロール レイズン
スイスロール 黒糖
スイスロール バニラ
300円

POKI
百吉冰淇淋
家庭號
迷你號
GREEN
綠色情人果實雪糕
15元
6支入
建議售價
90元
3支入
45元

WHITE
DAY

包装结构与材料

◯一个完整的包装，包括各种材料运用的造型设计和表面装潢设计。生活的提高改变着人们的饮食结构和生活需求。

Pork
Chicken
おにぎり
弁当

一个完整的包装，包括各种材料运用的造型设计和表面装潢设计。生活的提高改变着人们的饮食结构和生活需求。包装造型、结构越来越显示出市场竞争中的生命力，它的精巧多变、合理奇特的结构变化，深受消费者青睐。高科技的发展、新型材料的问世，使包装造型大有用武之地。我国几千年悠久的民族传统文化，已形成独有的东方文化风格，包装造型、材料运用早已深受世界各国爱好东方艺术人们的喜爱。我国的自然资源是丰富的，取材品种是多样的，有很多材料应用是我国独有的，体现着中华民族独到的民间传统工艺特色。应用在包装造型方面的材料就有草、藤、竹、柳、棉麻、宣纸等。独特的产品，独特的材料，伴以古朴的包装造型，在对外贸易中，多年来给国家还取得了大量外汇。

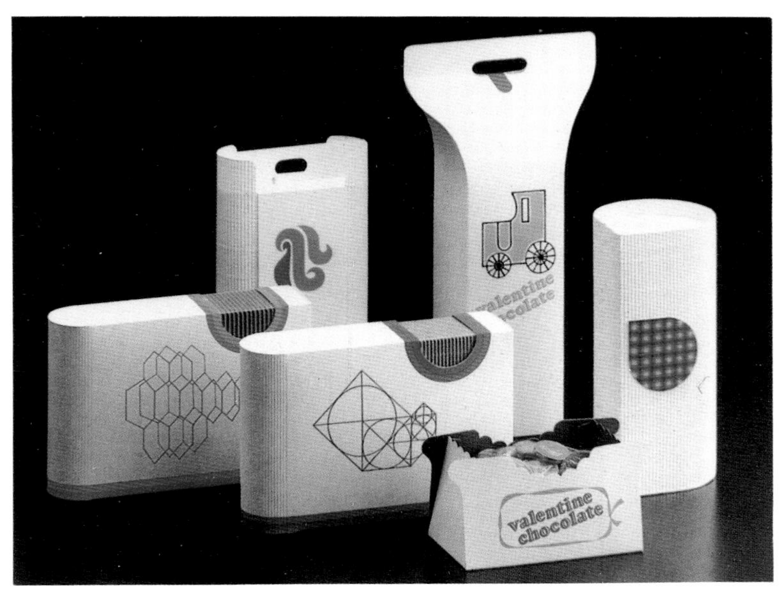

包装中大量应用的还是各种纸张、纸板，它适于印刷和造型，且成本低，又利于回收。其他还有塑料、玻璃、陶瓷、木材、金属等。应根据不同的产品、不同的档次、不同的销地，结合包装的三大功能，合理地运用不同的材料，使包装更完美化。

在包装造型中以盒结构应用为最广，盒结构多以薄厚不一，质地不一的纸板为原料，根据包装体积大小不同，选取相适应的纸板。盒结构千变万化，多年来各个国家都相继创造出很多科学、新颖、美观的盒结构，对于保护商品，美化商品，促销商品起到了不可估量的作用。盒结构不能为了求变化而变化，要以新颖、美观、科学、适用为原则。

Glico
Happy House
Happy House
Glico
Happy House
Glico
Happy House
Glico
Happy House

RStset
RStset
RStset
RStset
RStset

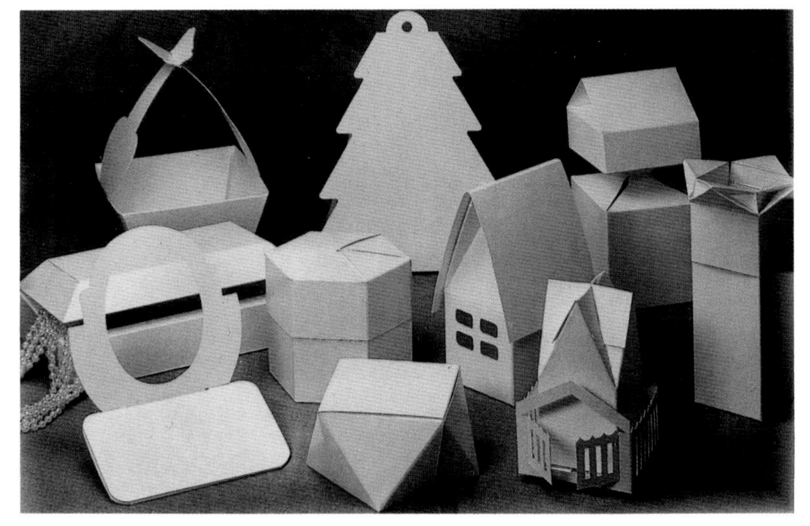

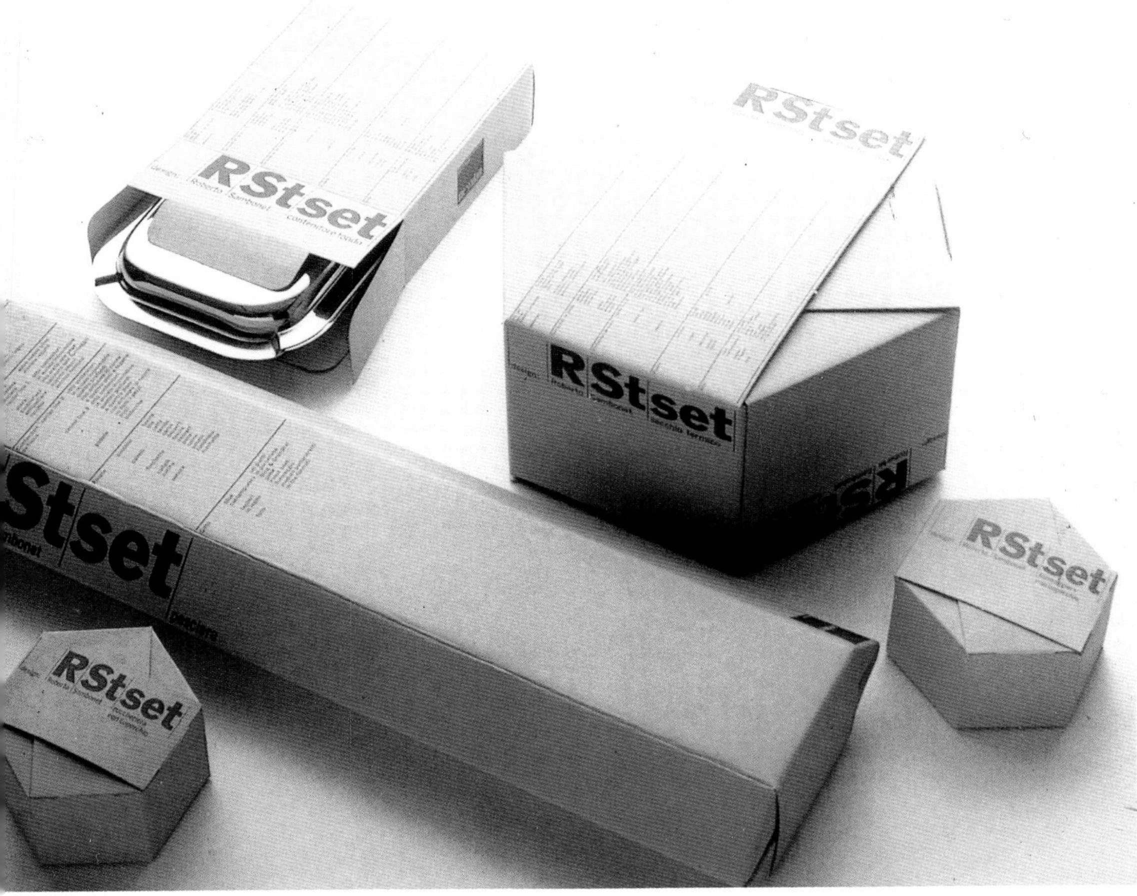

STREGLIA

la Campana
NANNINI
la Campana
NANNINI

TARTUFONE
TARTUFONE
Tartufi di Cioccolato Ripieni
TARTUFONE

FALCON
CO-PET
全犬種用
Wellkeep
Shampoo
General
FALCON
CO-PET
白毛犬用
Wellkeep
Shampoo
White

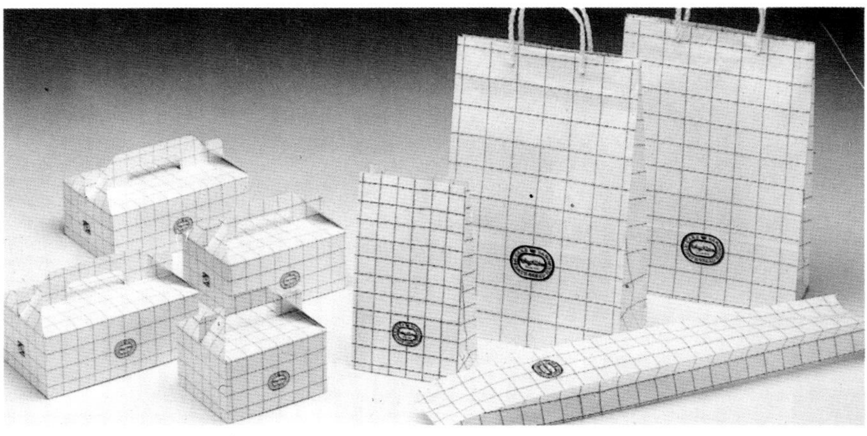

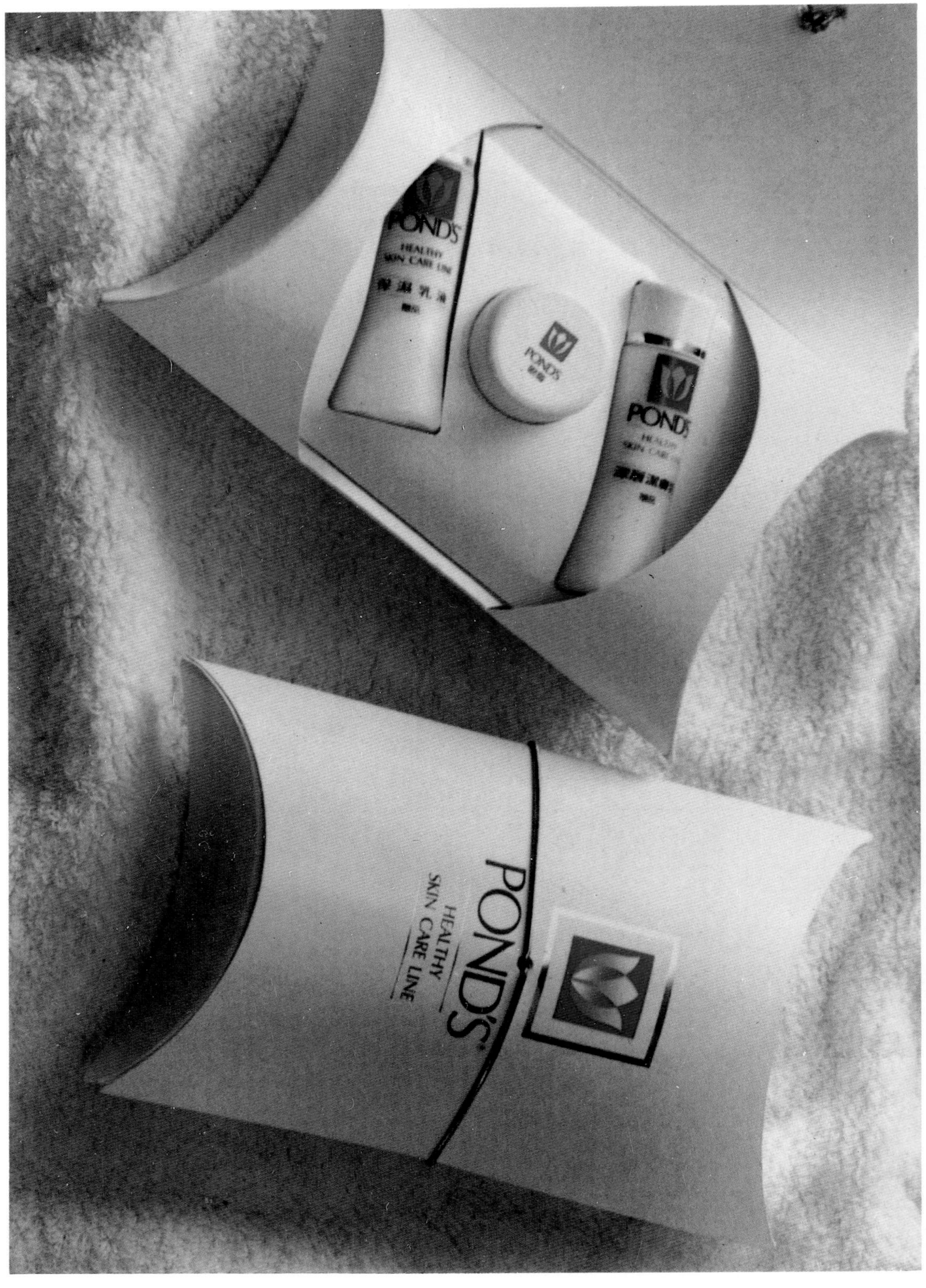
POND'S
HEALTHY
SKIN CARE LINE

5

设计构思与表现形式

- ◯突出商品的自身形象
- ◯以产品的生产原料为主体形象
- ◯突出商品的使用对象
- ◯以抽象图案和文字组合构成的画面
- ◯以标识或文字为主体形象
- ◯以强调商品自身特点作为构思依据
- ◯“开窗”表现
- ◯绘画表现手法
- ◯抽象表现手法
- ◯摄影在包装装潢设计中的广泛应用

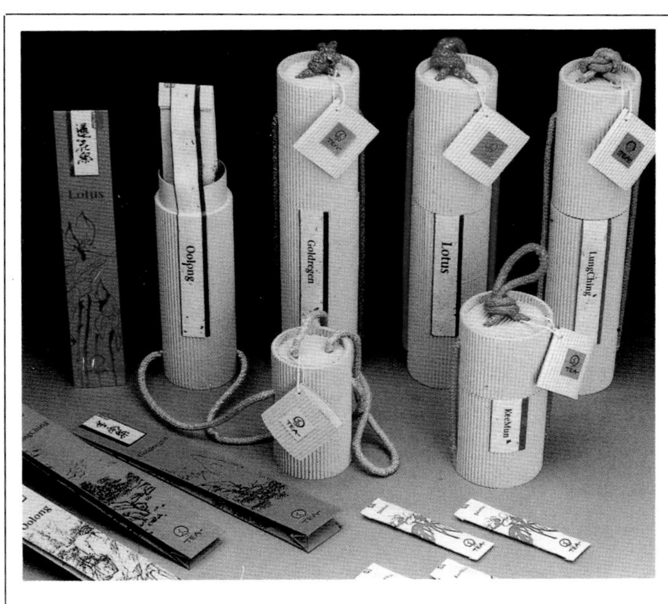

米酒

PAZZAZ
SPF2
SUNTAN OIL
SPF3
SUNTAN
ALL-OVER SKIN SCRUB

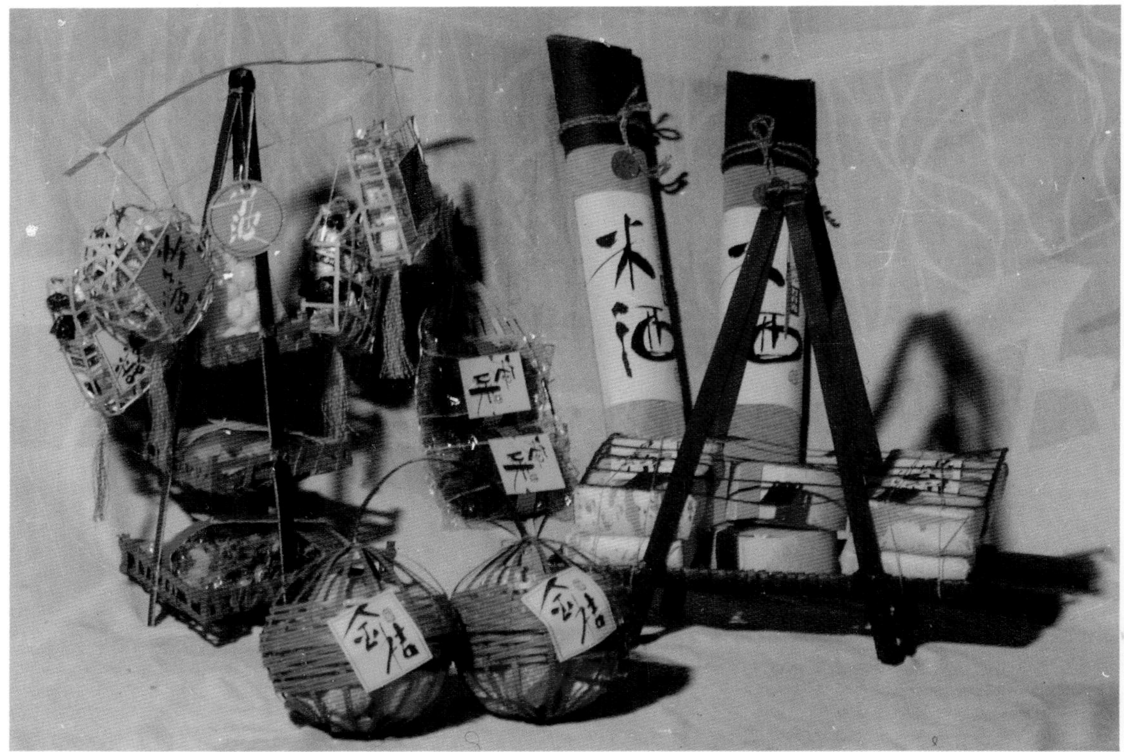

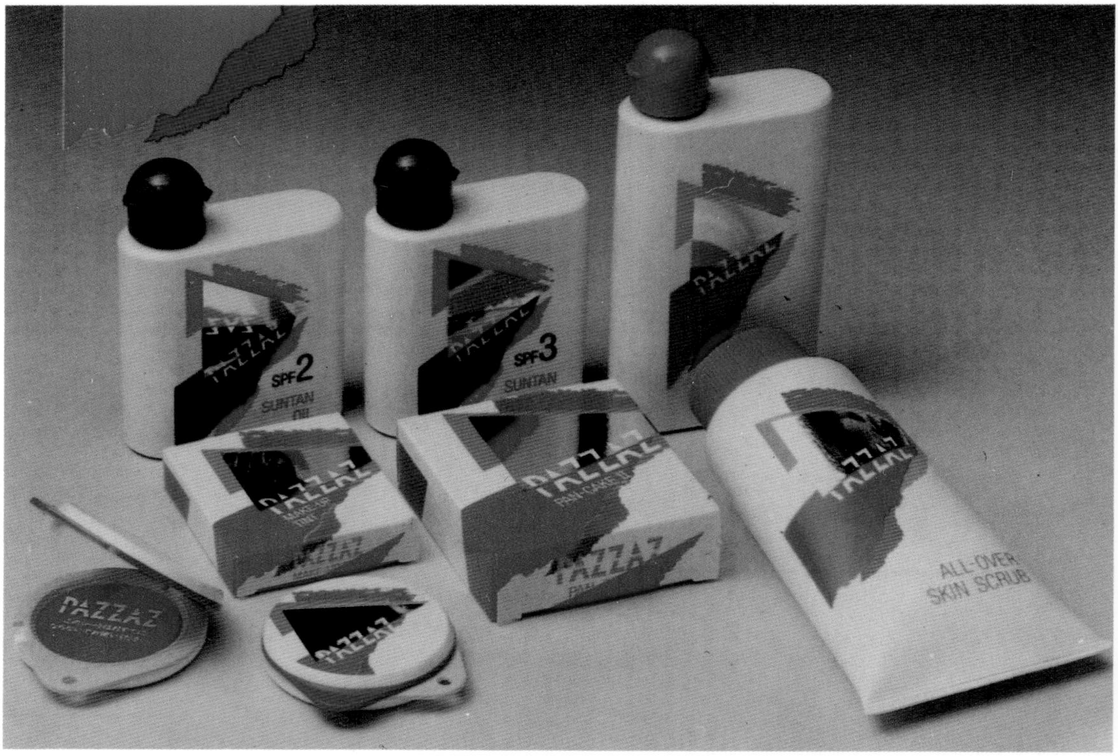

任何学问都是有规律性的，离开规律就不成其统，就会不伦不类。包装装潢是门综合艺术，是与商品、生产、销售、消费者紧密相联系的。设计者必须充分了解掌握以上诸因素的内在联系，方能确立自己的构想，也称之为“设计定位”。因为它的针对性和目的性是非常明确的。它不同于绘画艺术，绘画可在构思中确定所要表现的主题和内容，也可在主题和内容成熟后确定其表现技巧，可以说画家是自由的随心所欲的。而包装设计师的创作是有条件的，它的设计主题是已定的（某商品）。如何“包装”这个商品，除掌握其商品属性外，还应了解这个商品是针对哪个阶层、哪个群体的？他们的接受层次和欣赏水准是什么？是受生产者直接委托的，构思之前，应对产品本身作以了解，了解产品的性质、功能、先进程度等，并了解国内外同类产品的包装现有水平。抓住最能反应和表现这一具体商品特点，并能为消费者所喜爱所接受的表现形式，进行整体构思。画面构成因素（都已固定的）包括牌名、商标、品名、商品形象、产品说明、厂名厂址、条码等等。以上因素如何在已确定的尺寸规格的画面空间里，完美无缺地组合在一起。突出什么，加强什么，文字如何经营，字体如何变化，颜色如何布置等，这些过程，就是构思的过程，即设计的过程，在构思阶段要放开思路，大胆探求新颖独特的表现手段，构思方案尽可能多一些，最后经过推敲筛选出最佳方案，在此基础上还要进一步精益求精，达到无懈可击的地步。一般先勾铅笔稿，再画色彩稿，如包装尺寸较大，可按比例缩小，在小色彩稿中确定最后的色彩布局，最后制作 1：1 色彩稿。

总之，在整理构成画面的诸要素的基础上选准重点，突出主题，安排好视觉流程的先后秩序是设计构思的重要原则。

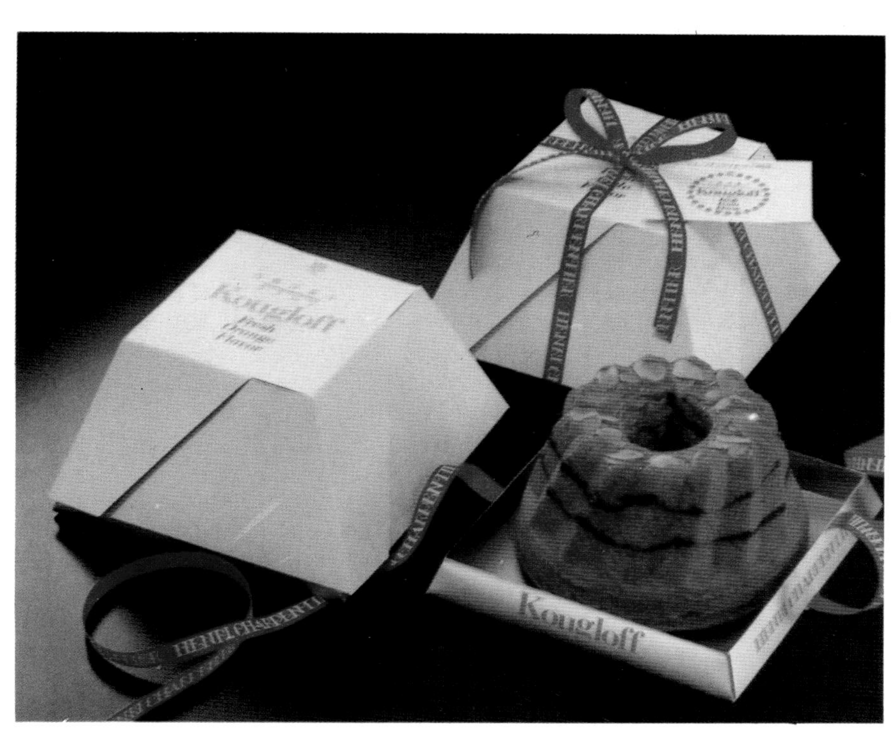

作为画面的主体形象表现，可归纳为以下几种。

1. 突出商品的自身形象

画面的主体为真实的或抽象的商品自身形象，一般以摄影手法表现为多，尤其食品、饮料等包装，以食品香甜的诱惑力冲击人们的视觉，诱发食欲。此种表现比较直观、醒目，商品形象真实、生动，一目了然，便于识别选购。

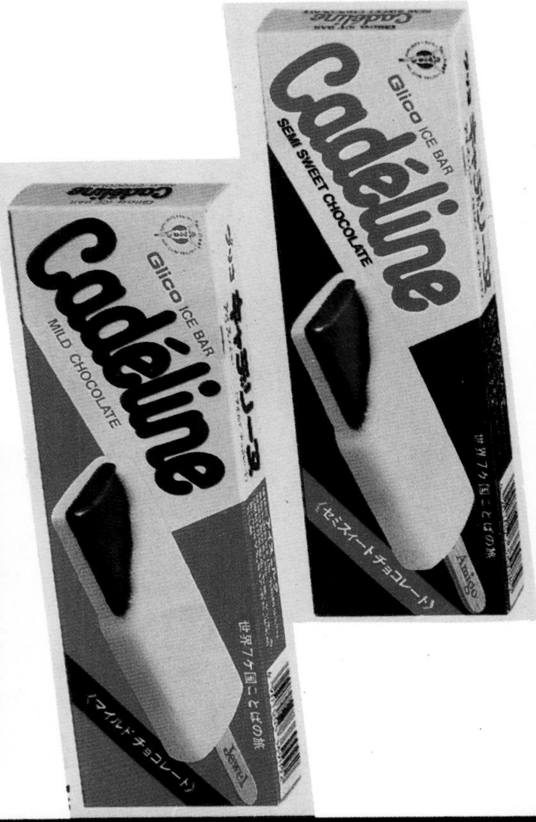

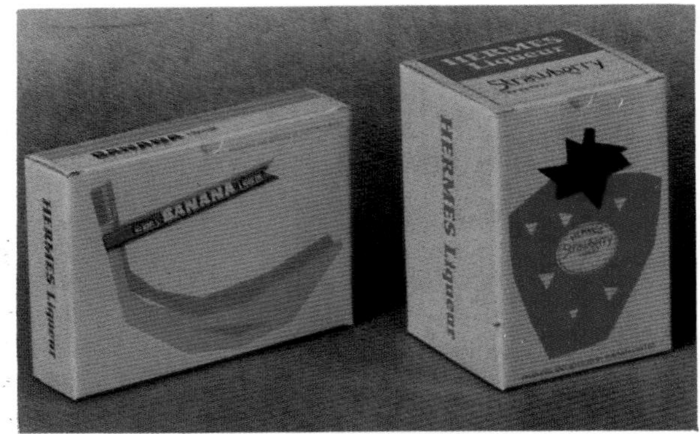

Tupperware
Tupperware
FREEZER MATES

Tupperware
Tupperware

HERMES Liqueur
Melon Liqueur
HERMES Liqueur

GRANA II
Sanitary wares for selective people.
NEW SANITARY GOODS
GRANA II
NEW SANITARY GOODS

PREMIUM
ナビスコ
オリジナル
プレミアム
NABISCO PREMIUM CRACKERS
ナビスコ プレミアム
NABISCO
ORIGINAL
ナビスコ プレミアム クラッカー
ORIGINAL

鮭ぞうすい
味百選
ニチレイ
ハンバーグ 手造り風
わが家の手料理
味百選
ニチレイ
海の幸ステーキ
わが家の手料理
味百選
ニチレイ
肉じゃが
わが家の手料理
味百選
ニチレイ
えびしゅうまい
わが家の手料理
味百選
ニチレイ

2. 以产品的生产原料为主体形象

比如草莓酱罐头，画面主体形象便是草莓果，葡萄酒，画面主体形象为葡萄。此种表现也多为食品、饮料等商品所用，容易辨别，便于选购。

3. 突出商品的使用对象

画面以具体形象展示其商品的使用对象，如女士用品、男士用品、儿童用品、老年人用品、宠物食品等。此种表现形式针对性强，便于选购。

NATURELL
YOGHURT
LEVANDE YOGHURT
NATURELL
LÄTT
YOGHURT
LEVANDE YOGHURT

首に巻いてノミを撃退！殺虫効果のノミ取り首輪
ノミとり首輪
アースノミとりカラーRS
動物用医薬部外品
フリーサイズ
ベルトの長さ
35cm
小型犬用
殺ノミ効果
4ヶ月!
安全性の高い殺虫成分ピレスロイドで
安心してノミを駆除できます。
暗がりでも
目立つレッド
首に巻いてノミを撃退！殺虫効果のノミ取り首輪
ノミとり首輪
アースノミとりカラーYL
動物用医薬部外品
フリーサイズ
ベルトの長さ
60cm
中型
大型犬用
殺ノミ効果
4ヶ月!
安全性の高い殺虫成分ピレスロイドで
安心してノミを駆除できます。
暗がりでも
目立つイエロー

4. 以抽象图案和文字来组合构成画面

此种表现简洁明快，层次分明，丰富饱满，现代感强。此种表现形式应注意图案的选题和整理，要不落俗套。同时处理好画面空间的分割和黑、白、灰色调层次。

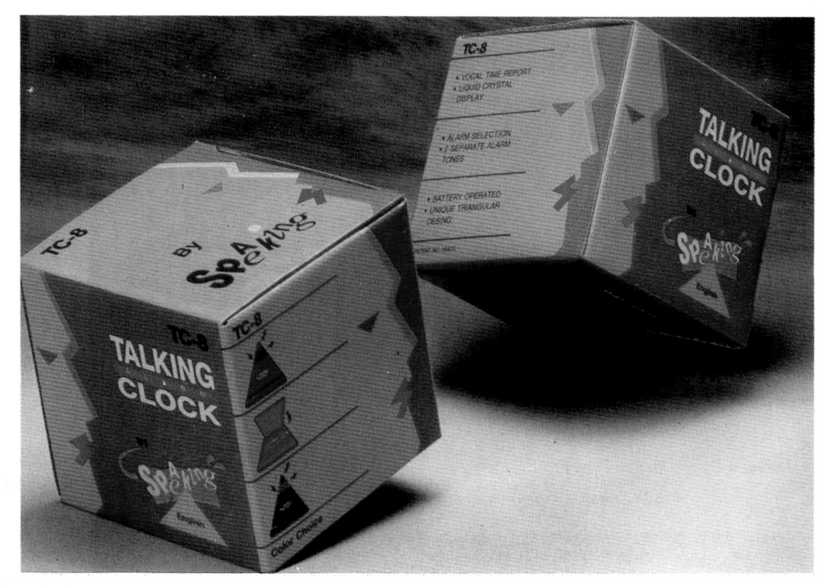

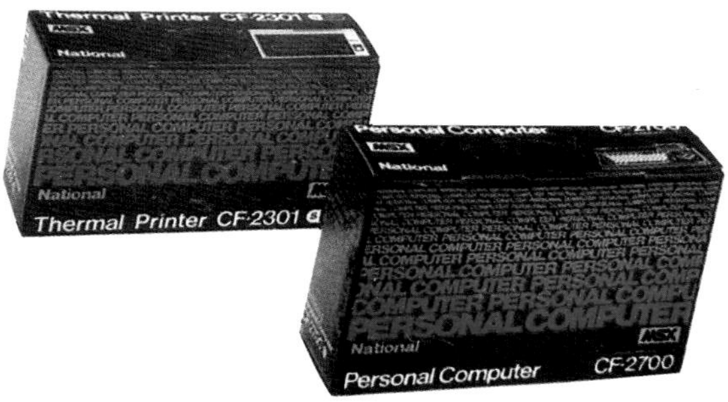

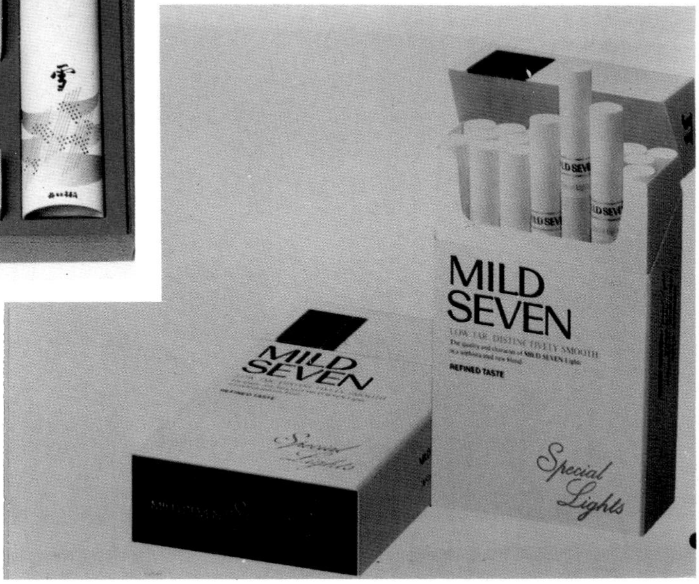

5. 以标识或文字为主体形象

很多商品不易或不需要用以上几种形式表现，而在画面中以极醒目的标识或文字来装饰，即用标识信息和文字语言直接与消费者沟通交流，简洁、明了，形式感强。此种表现应在文字字型变化和构图经营上巧下功夫。

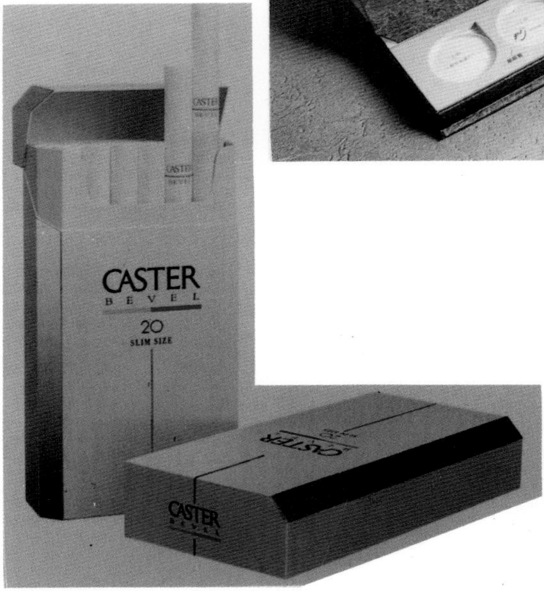

6. 以强调商品自身特点作为构思依据

如“泡泡糖”可夸张泡的形象；冰淇淋可表现其冷和冰等。由画面形象使人产生联想，增强产品魅力。

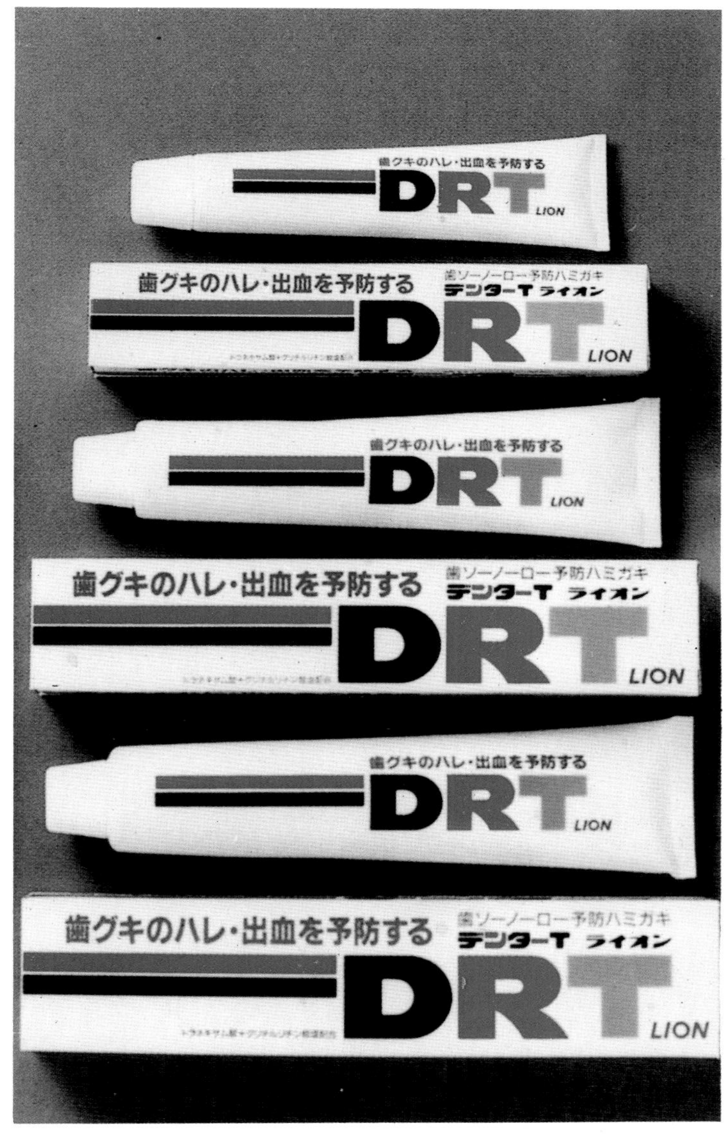

FRUITS CAKE
BRANDY CAKE

Johnson wax
SHOUT
LAUNDRY STAIN REMOVER
DANGER:
NET WT. 16 OZ.

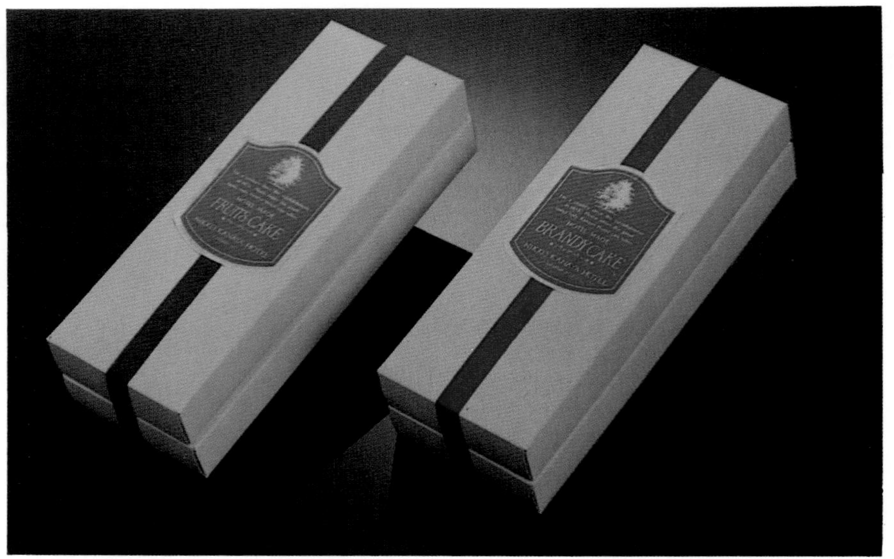

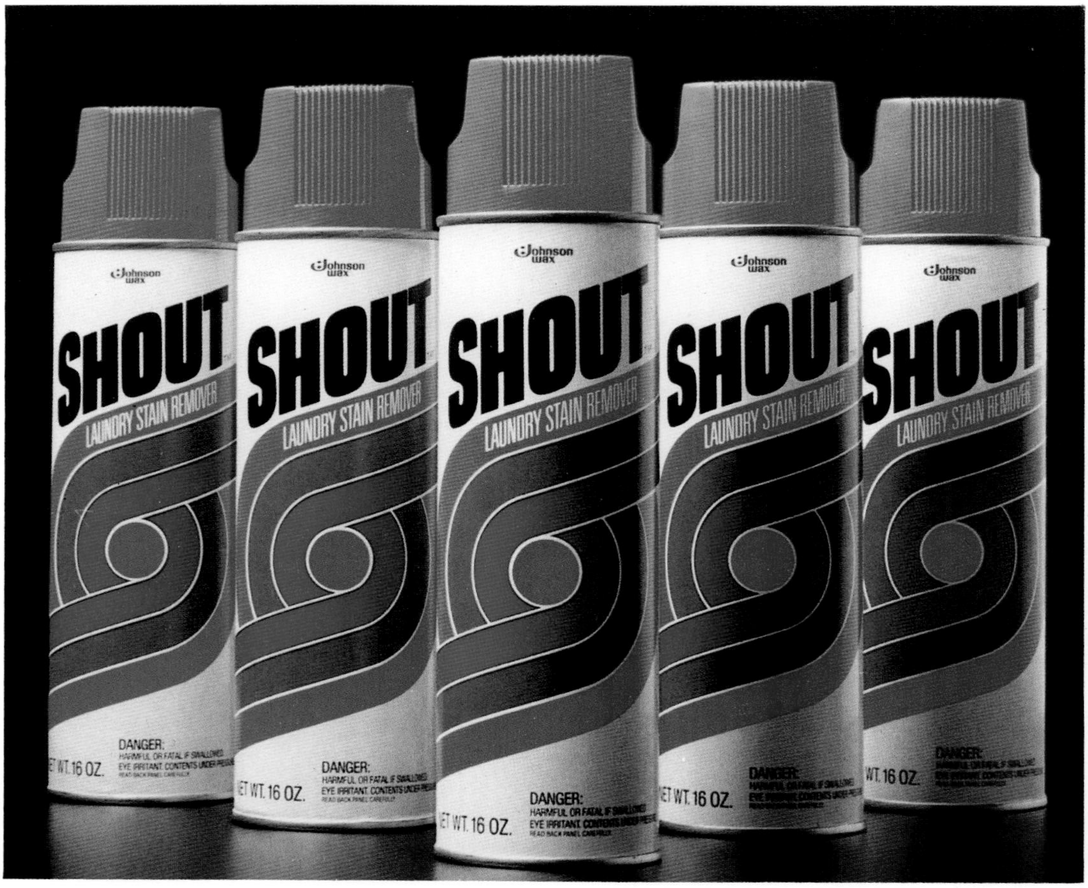

7．“开窗”表现

即挖去包装的某部分面积，让产品的大部分或主要部分直接展示给消费者。这种设计介乎包装和无包装商品之间，让人感到“货真价实”。

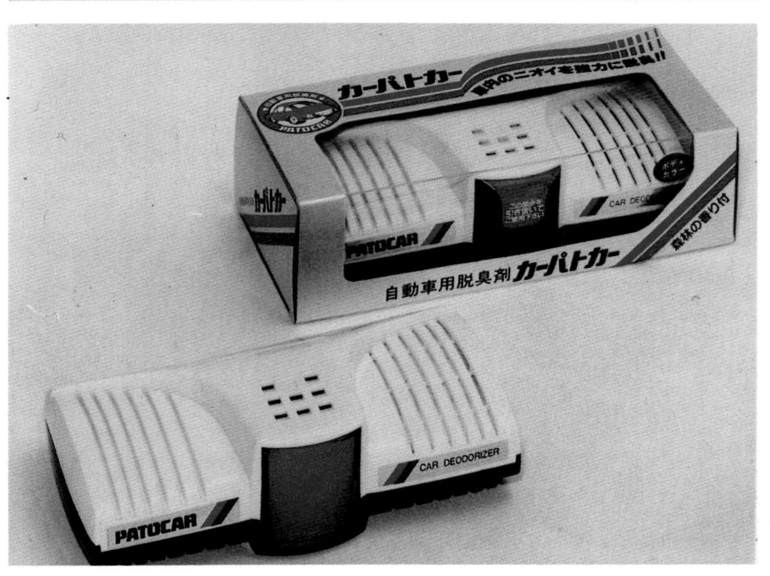

以上种种，就包装装潢的画面而言，归纳起来其表现形式（手法、手段），不外乎以绘画为主的表现手段，以抽象为主的表现手段和以摄影为主的表现手段。这三种表现手段不是绝对孤立的，有时是相互结合，相辅相成的。

1. 绘画表现手法

在包装装潢设计中，绘画始终是一个很主要的表现形式。即运用水彩、水粉、透明色、国画等绘画手段表现商品内容，或人物、山水、花鸟鱼虫，或各种静物等装饰美化画面，衬托渲染和美化商品。绘画表现法根据整体构思可成用写实的或写意等不同效果，但无论如何表现，都不要离开商品这个主题。比如设计猪肉罐头包装，只能表现猪本身的形象或猪肉制品的形象，如果表现的是一个大草原牧放着一群牛羊，效果再好，也会使人误解为牛羊肉罐头，失去了商品性；同样鱼肉罐头仅仅画上美丽的大海是不够的，而要表现出具体的鱼种形象来。绘画手法表现在商品包装上同纯绘画作品还不一样，它能体现出商业味道，很有特点；它还不同于摄影，更有取舍、提炼和概括的自由。绘画手法表现在包装上，给人以亲切、自然的感受。有的包装就是将一幅画移植过来，有时画面与商品本身并无多大联系，只是在一定的空间位置上处理了商品品名或文字说明，让人们既了解了商品的内容，又欣赏了画。

绘画手法直观性强，欣赏趣味浓，是宣传、美化、推销商品的较好手段。

ONE OF A
Be my Valentine
KIND

Campina
KARNE MELK
Campina
YOGHURT
Campina
VANILLE VLA
Campina
DUBBEL VLA

ノンカロ® C-250
ブルーベリーキャンディー
カロリーの摂り過ぎを
気にされる方におすすめします
BLUE BERRY
¥200

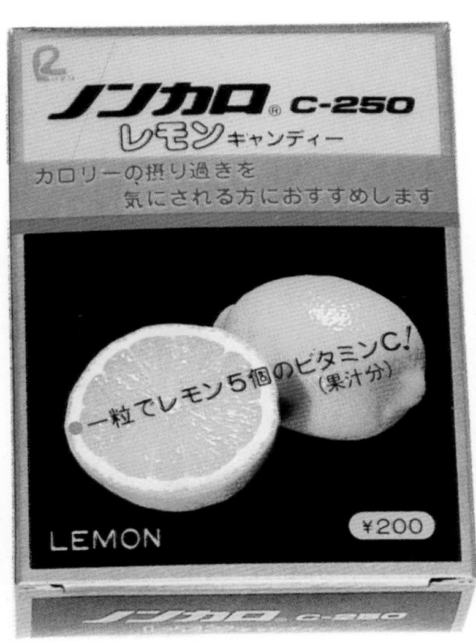
ノンカロ® C-250
レモンキャンディー
カロリーの摂り過ぎを
気にされる方におすすめします
一粒でレモン5個のビタミンC!
(果汁分)
LEMON
¥200

2. 抽象表现手法

绘画表现手法是以写实技法描绘商品主要内容，抽象表现则是写意的，以完全抽象、概念化的形象表现对象。多以点、线、面、色块或肌理效果等构成画面。它简练、醒目，现代感、形式感强，商业性强，视觉冲击力强，是一些包装的主要表现手段。从文学的角度来比喻，写实手法好比小说和散文，而抽象表现就像诗歌。也可用国画中的工笔和写意画之别来比喻。

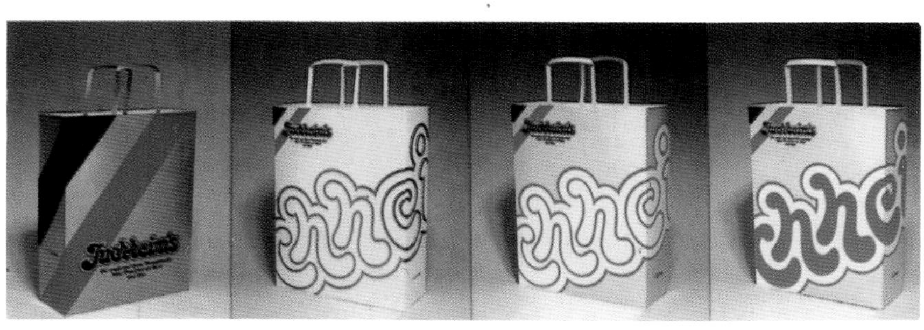

COSTA DEL SOL
COSTA DEL SOL

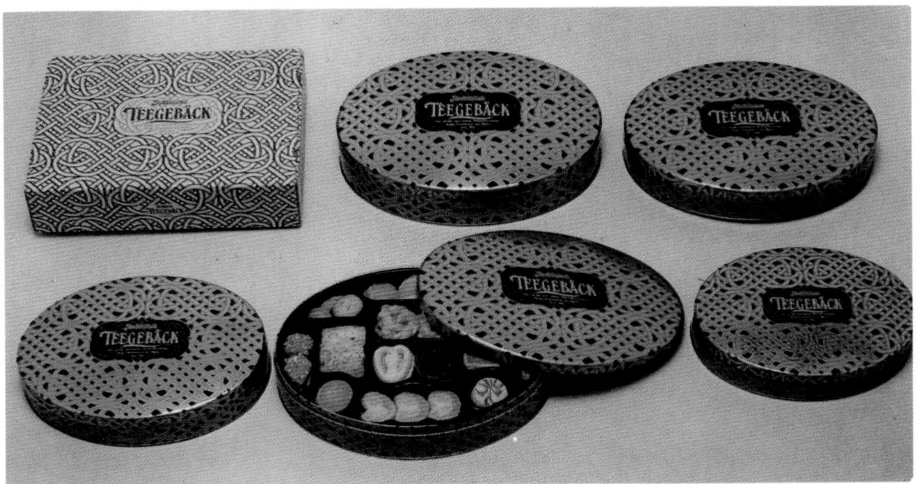
TEEGEBÄCK
TEEGEBÄCK
TEEGEBACK
TEEGEBÄCK
TEEGEBÄCK
TEEGEBÄCK

HYOGETSUDO

3. 摄影在包装装潢设计中的广泛应用

由于商品包装装潢的商品性所决定，大量的商品包装画面上要突出表现商品的真实形象，要给消费者直观的视觉印象，最省力、效果又好的便是利用摄影技术。在国外由于摄影技术的先进，很早就将摄影技术应用到包装装潢上。近些年来，随着我国摄影技术的发展，越来越多的商业摄影运用到包装上面来。商业摄影是为美化商品包装服务的，以促销为目的，要尽一切努力充分表现商品的特点和魅力，打动消费者，提高企业与产品的美好形象感。作为一个包装设计者都应在实践中不断掌握熟练的摄影技巧。一般大量应用的是静物摄影，其次是风景、人物等。在拍摄中要根据整体构思来布光、布衬，布好主光与辅光。经常运用的是光圈的变化效果，即有时用小光圈，表现物体的所有部分都是实实在在的，给人一种强烈的真实感、美感；有时用大光圈，突出表现静物的主要部分，虚略次要部分，空间感强，艺

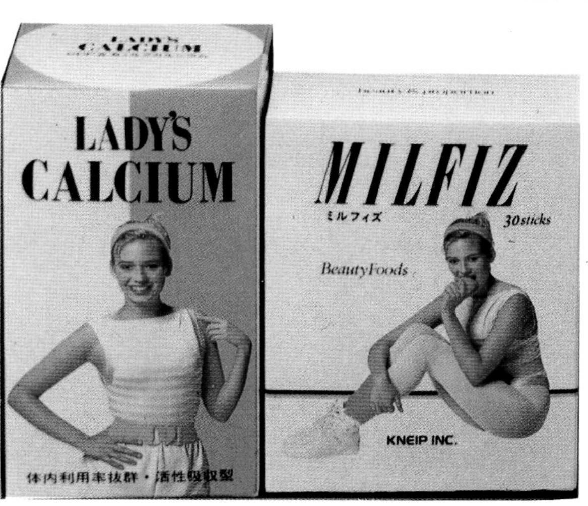

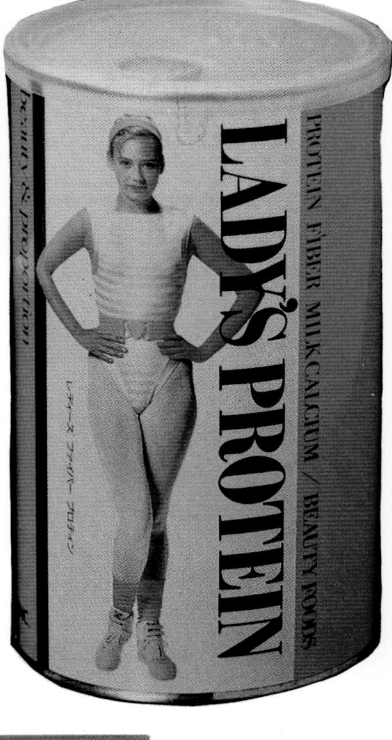

术感染力强；有时用多次曝光重拍的手法表现特殊效果。有时为了加强或削弱，洗出片子以后还要用透明色或喷绘等手段进行再加工，使其达到更加完美的理想效果。

6

构 图

○垂直式（直立式）
○水平式
○倾斜式
○弧线式
○三角式
○散点式
○求方式
○中心式
○空心式
○格律式
○重叠式

SINCERELY
SINCERELY
SINCERELY
SINCERELY
SINCERELY
SINCERELY

构图是包装装潢乃至一切绘画艺术成功与否的关键一环。构图即是在有限的空间（或立体或平面）里，如何将所要表现的内容有主有次、有轻有重、有浓有淡、有疏有密地组合在画面中，形成一定的“骨架结构”。体现着一种韵律感，既严谨又活泼，既富变化又不破坏整体的统一，犹如一首好诗，去掉一个字，增加一个字都不妥。

包装的设计构图是各构成因素在画面中的“经营位置”。是将商标、文字、图案、商品形象、说明、条码等有机地组合在特定的空间里，构成一个完美的无懈可击的整体。

严谨的结构、主次关系、韵律变化、完好的秩序等始终是一切文学艺术所共同遵循的法则。

一切变化都紧紧围绕着一个特定的结构进行的，没有结构（骨架）就形成不了韵律，形成不了秩序，就会不成体统，杂乱无章。

骨架结构可归纳为以下诸种形式：

1. 垂直式（直立式）

给人以严肃崇高、挺拔向上之感。此种构图结构顶天立地，颇有分量，多用外文或拼音文字构成画面。用均齐或平衡手法，也可在局部施以小的变化活泼，调节画面，打破其呆板、单调感。

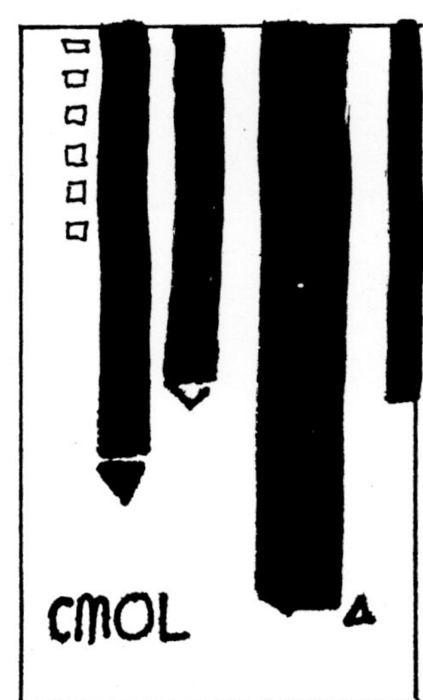

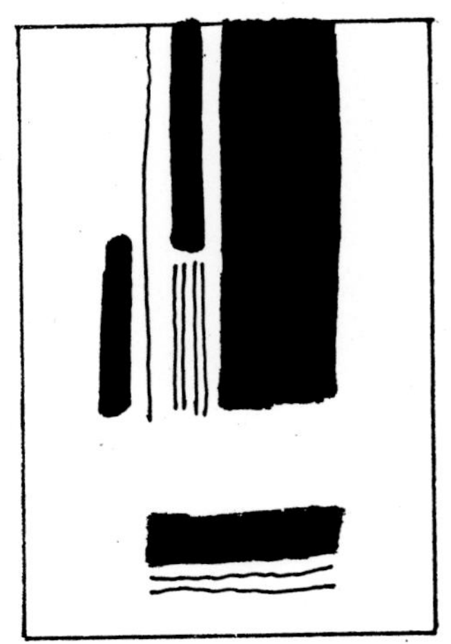

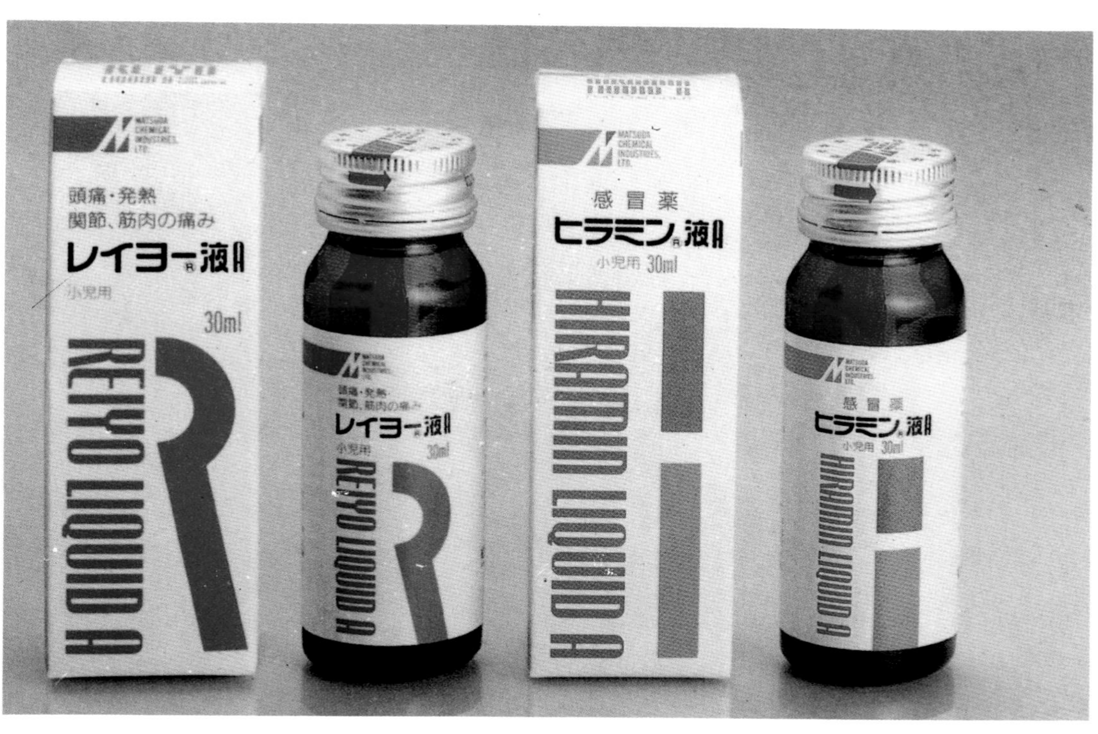
头痛・発熱
関節、筋肉の痛み
レイヨー液A
小児用
30ml
REIYO LIQUID A
感冒薬
ヒラミン液A
小児用 30ml
HIRAMIN LIQUID A

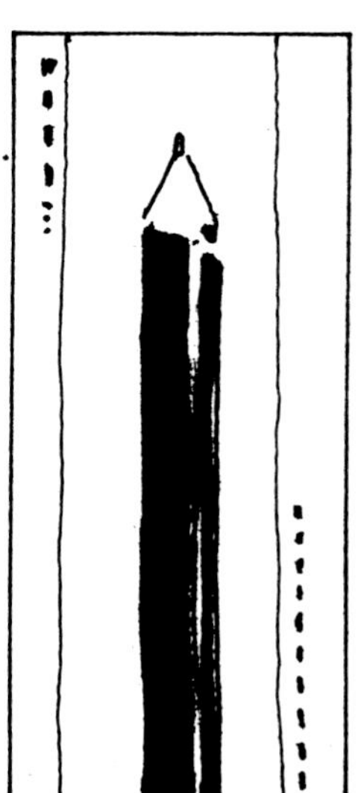

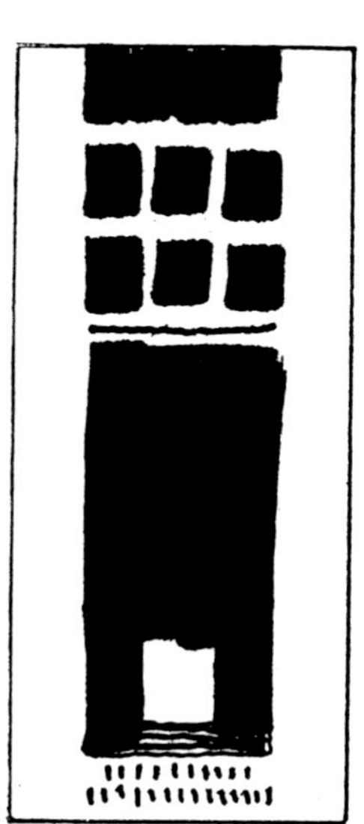

柿葉茶
無糖・無着色
自然健康飲料
Kakiha Cha
Pure Persimmon Tea···Natural health drink for leisure or sport.
OZEKI FOODS

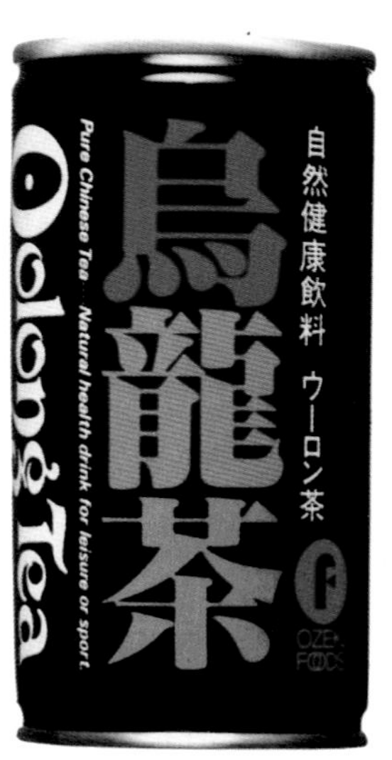
烏龍茶
自然健康飲料 ウーロン茶
Oolong Tea
Pure Chinese Tea···Natural health drink for leisure or sport.

2. **水平式**

安静、稳定、平和。要处理好水平线的分割,面积比重的变化,底色的轻重等,要在平稳中求变化,求活泼。

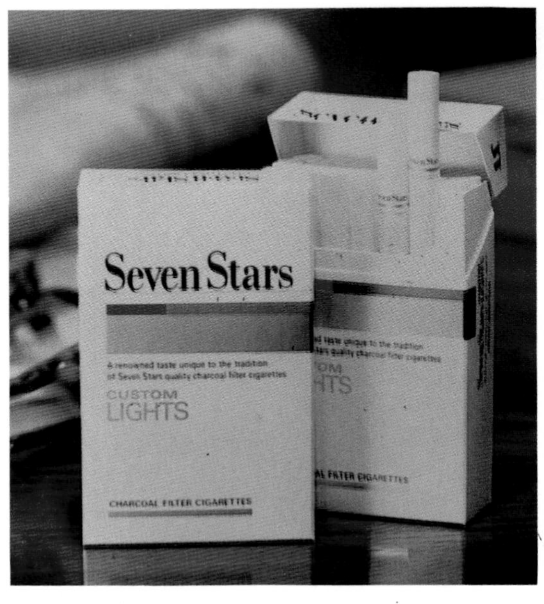

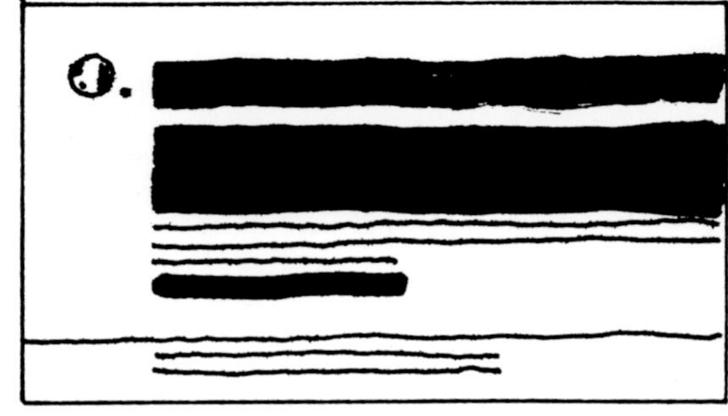

ECOFIT
環境との調和
エコフィット
New Cutter
ニューカッター
20m
ECOFIT
環境との調和
エコフィット
New Cutter
ニューカッター
8m

Kleenex
トイレット ティシュー
ソフィット
ダブル
やさしさ、純白。
12ロール
Kleenex
トイレット ティシュー
ソフィット
シングル
やさしさ、純白。
12ロール
Kleenex
トイレット ティシュー
ソフィット EX
森の香り
やさしさ、純白。
Kleenex
トイレット ティシュー
ソフィット
シングル
やさしさ、純白。
Kleenex
トイレット ティシュー
ソフィット EX
森の香り

3. 倾斜式

给人一种方向感，或由下向上，或由上向下，以方向的律动形成动感，抓住人们的心理。处理时应注意在不平衡当中求平稳。

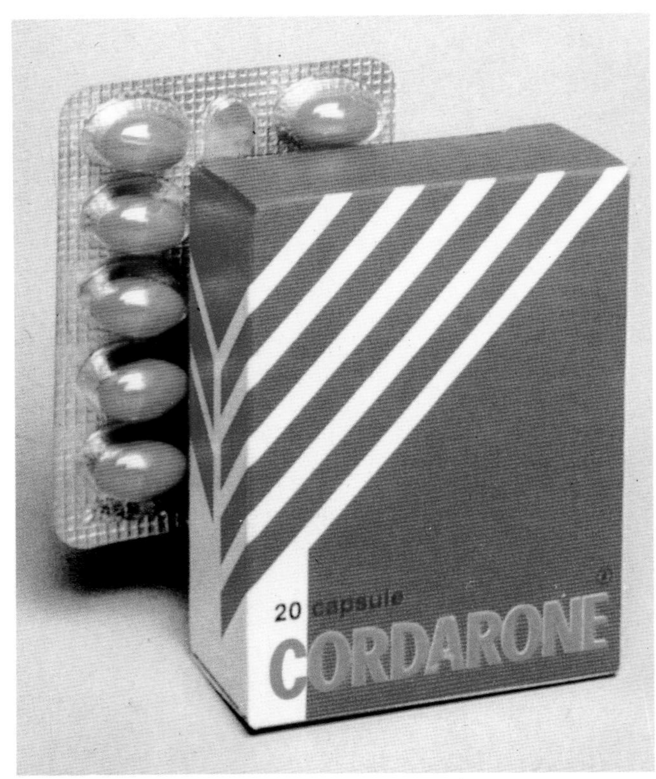

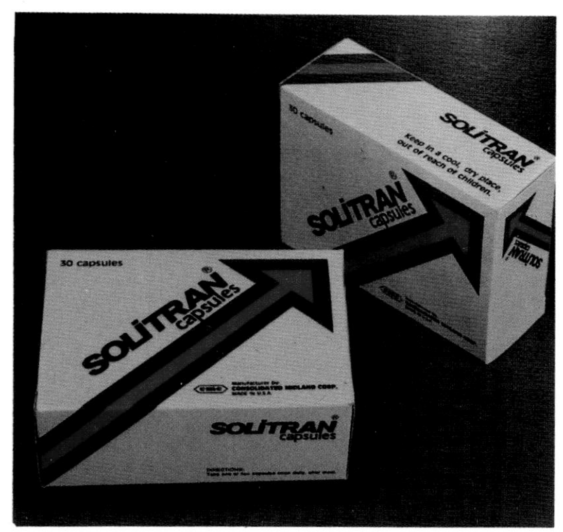

30 capsules
SOLITRAN capsules
SOLITRAN capsules
Keep in a cool, dry place, out of reach of children.
30 capsules
SOLITRAN capsules
SOLITRAN capsules

MISURA
limone
bibita ipocalorica
senza zucchero
MISURA
aranciata
ipocalorica
senza zucchero
MISURA
pompelmo
bibita ipocalorica
senza zucchero
MISURA
cola
ipocalorica
senza zucchero

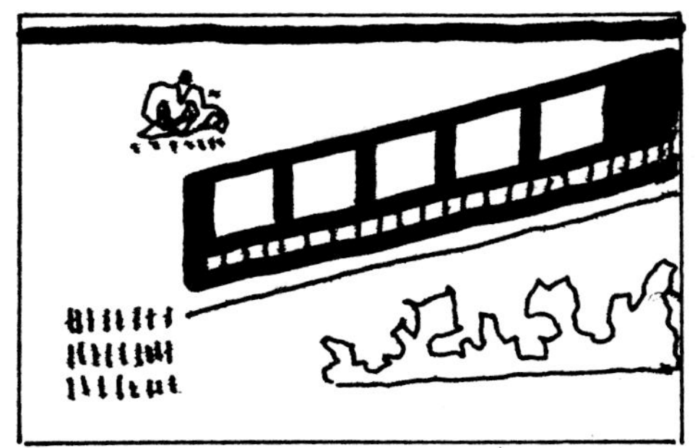

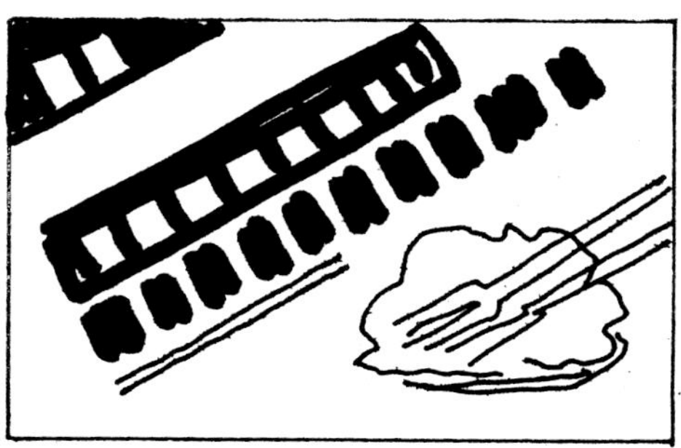

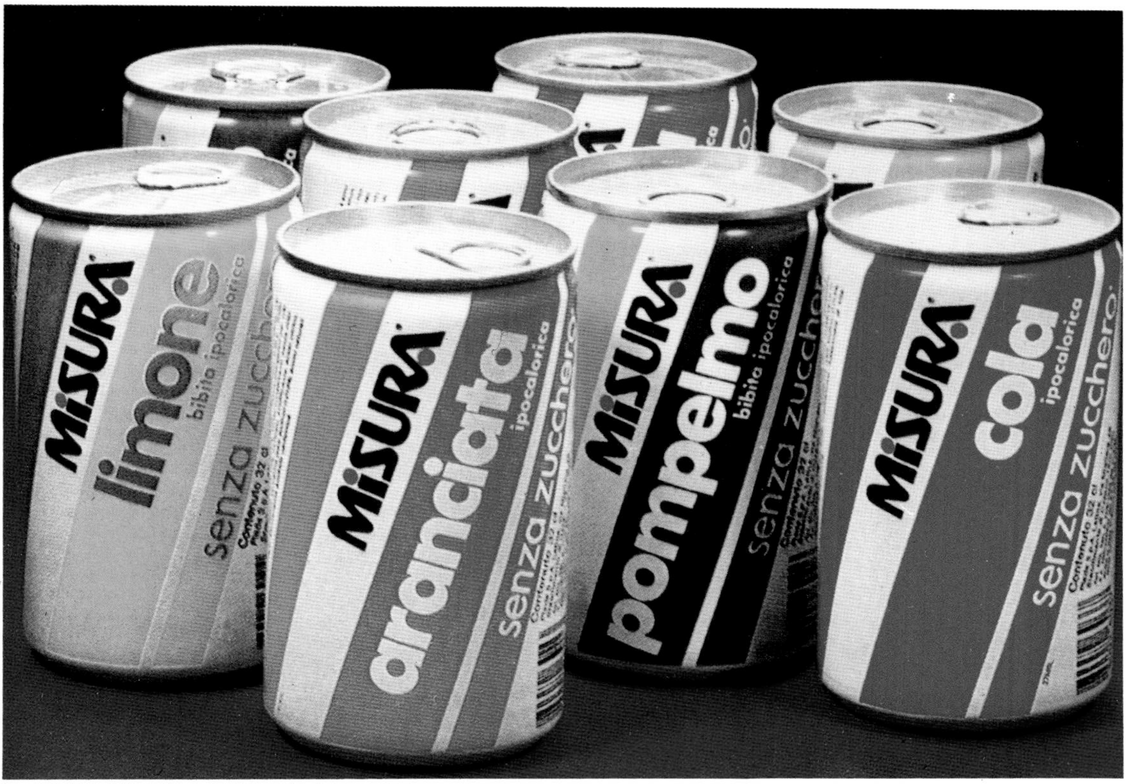

4. 弧线式

弧线式骨架包括圆式、S 线式和旋转式，在设计中应用极广。它在画面中形成了圆润活跃的律动结构，视觉冲击力强，赋予画面以空间感和生命力。

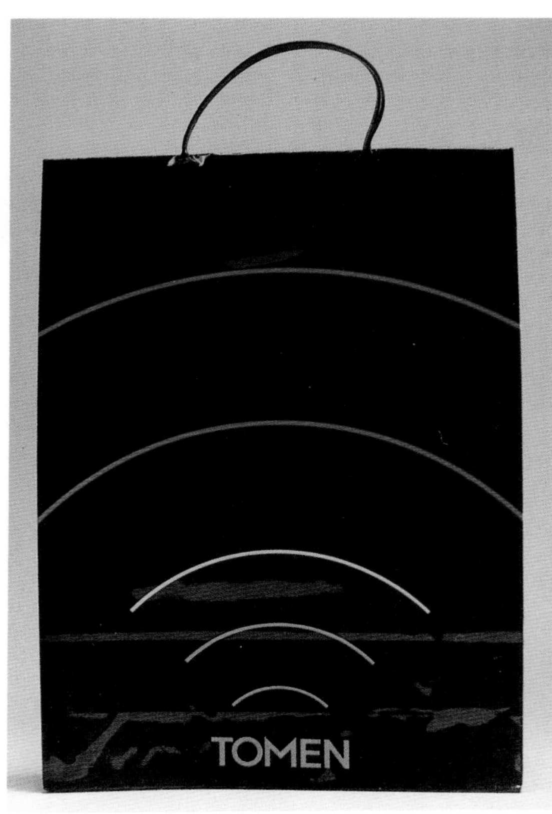

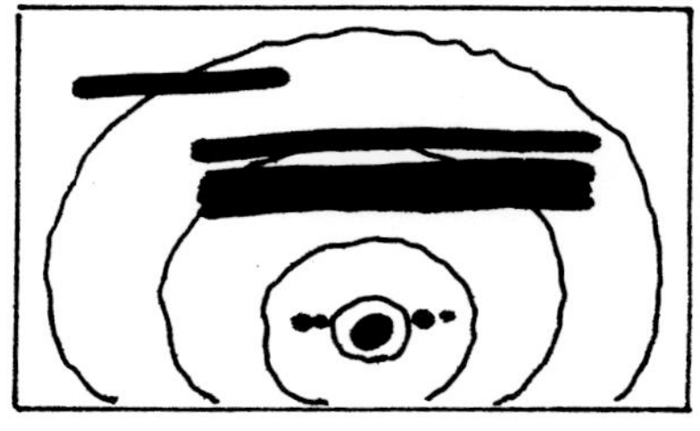

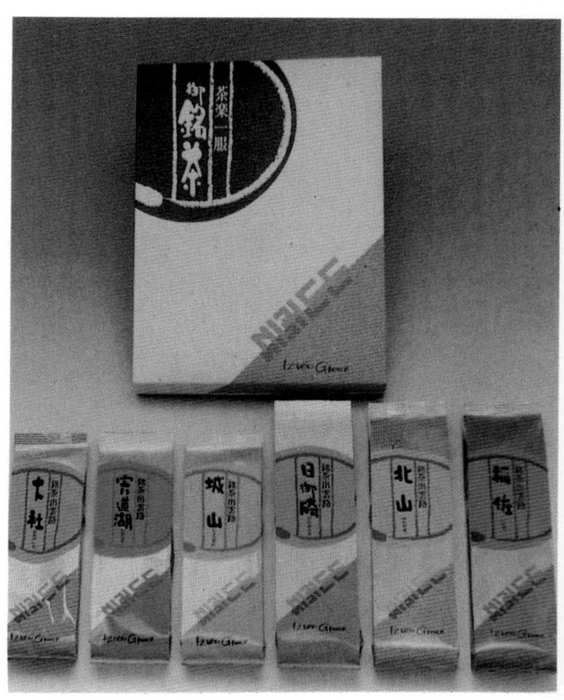

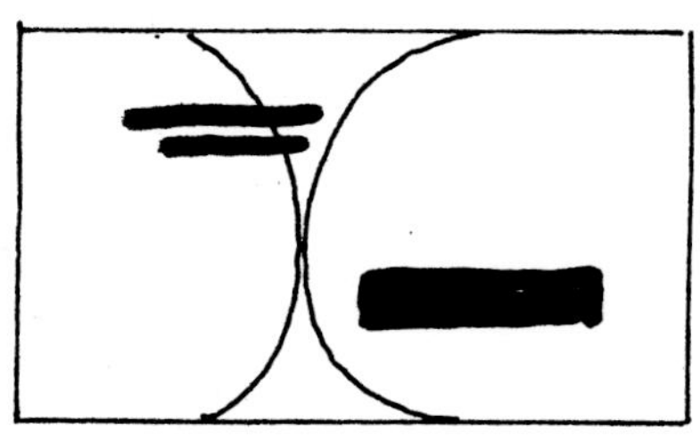

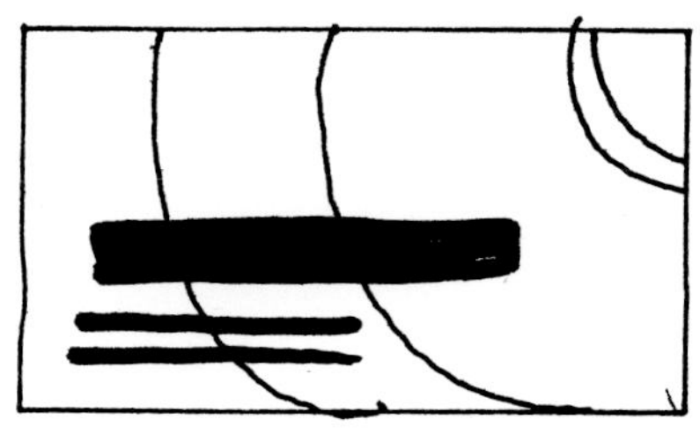

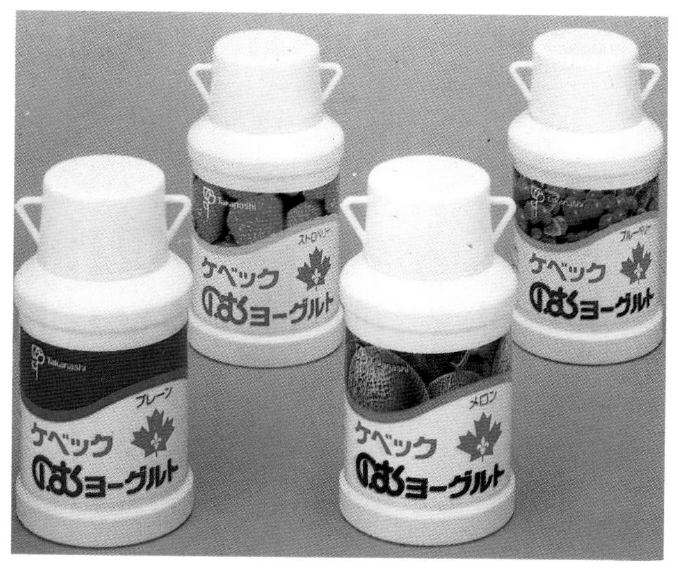
ストロベリー
ブルーベリー
プレーン
メロン
ケベック
のむヨーグルト

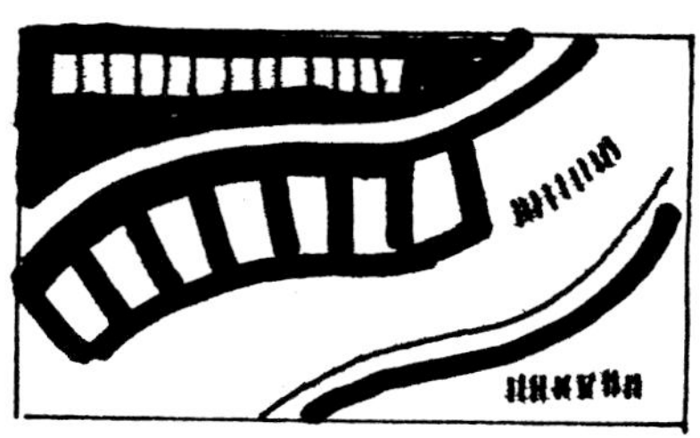

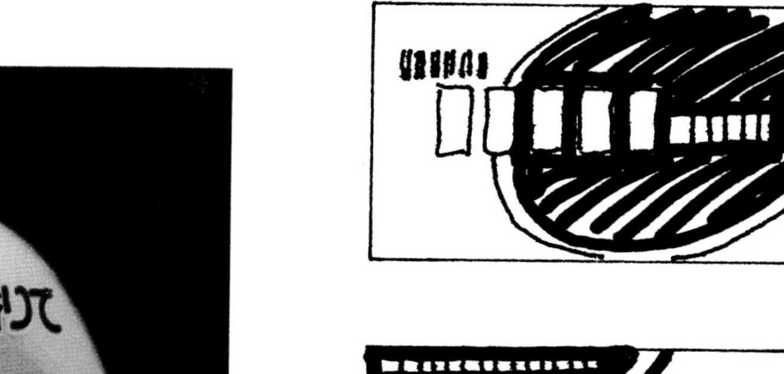

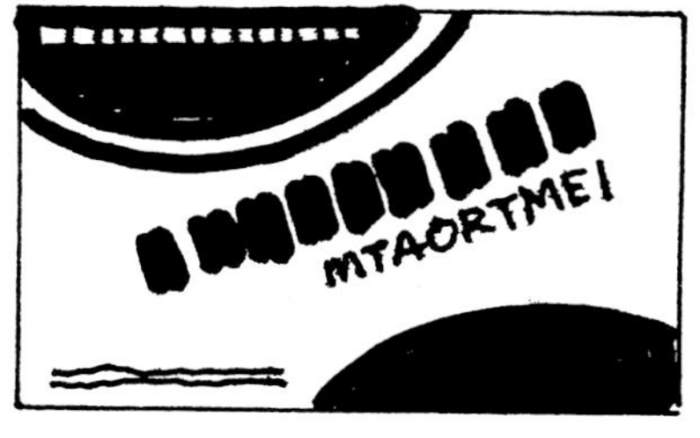
MTAORTMEI

フローラルの香りで
トイレの
消臭当番
天然消臭剤配合
液体サワデー
消臭芳香剤

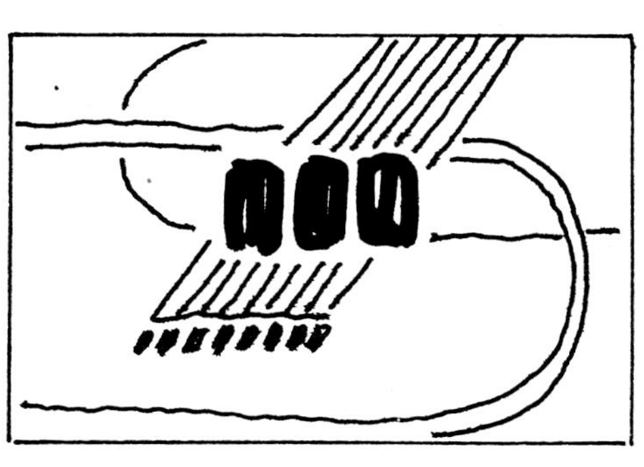

5. 三角式

画面分割鲜明，视觉刺激强。根据不同内容和构想，可运用正三角、倒三角和侧三角，在处理时三角形应与文字和图案等有机结合，增强三角形骨架的美感。在视觉和心理上正三角最稳定，犹如金字塔一样永恒，倒三角则显得惊险和不安。

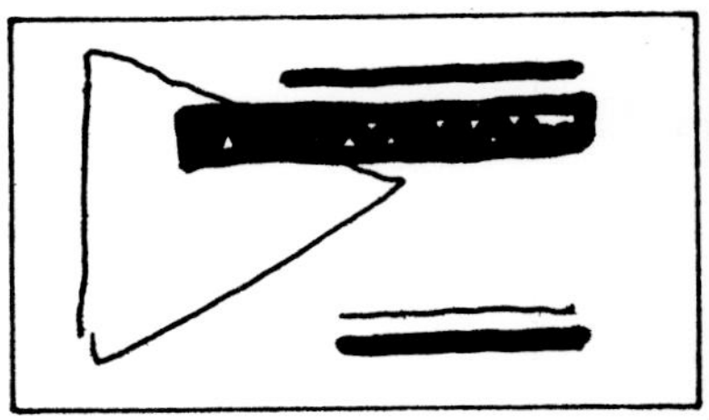

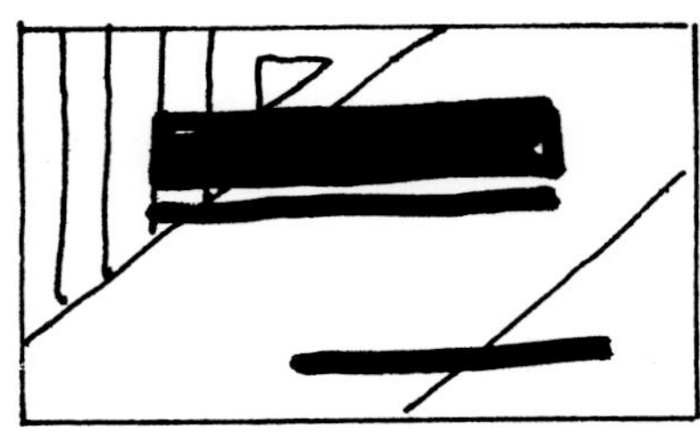

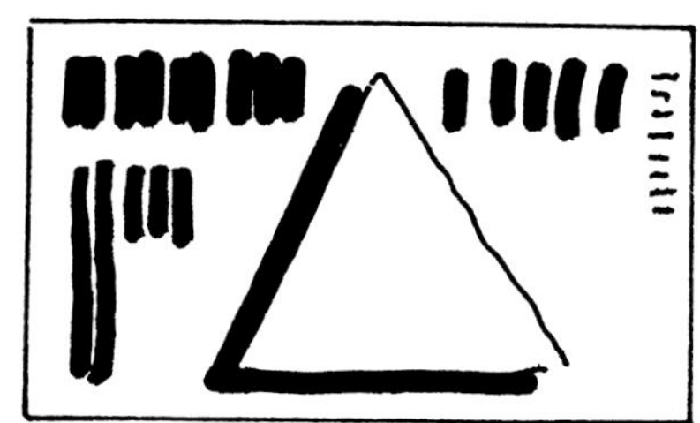

HOTLAND
TOSHIBA
KSR18A (K)
HOTLAND
TOSHIBA
KSR18A (W)
HOTLAND
TOSHIBA
MODEL KSR18A (R)
HOTLAND
TOSHIBA
MODEL KSR18A (G)

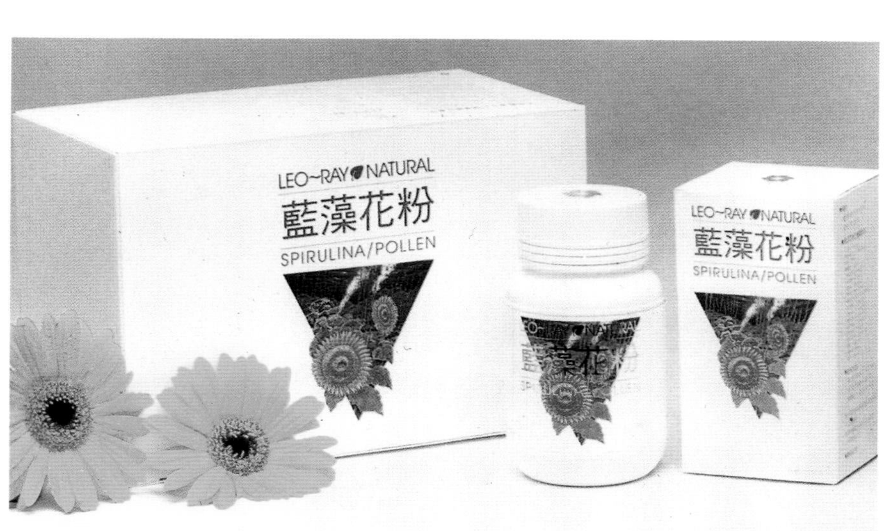
LEO~RAY NATURAL
藍藻花粉
SPIRULINA/POLLEN
LEO~RAY NATURAL
藍藻花粉
SPIRULINA/POLLEN

6. 散点式

散点式结构自由奔放，使画面充实饱和，空间感强。但处理不当会使画面失去中心，失去韵律感。应注意结构的聚散布局，空间的相互联系和面积分割的比重等。

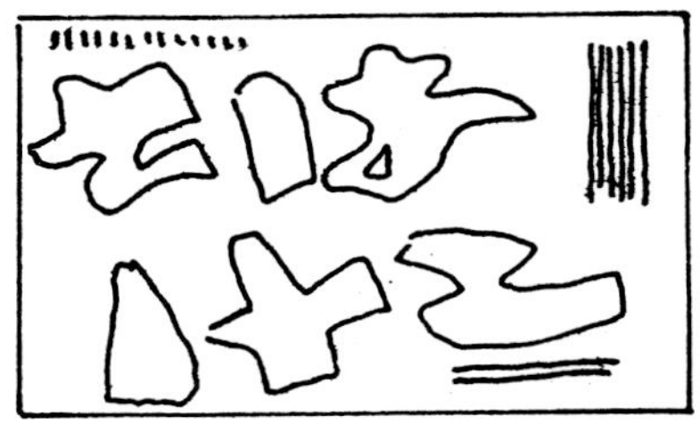

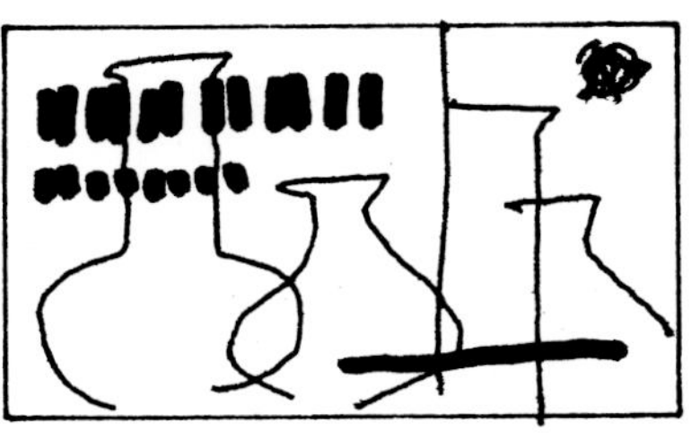

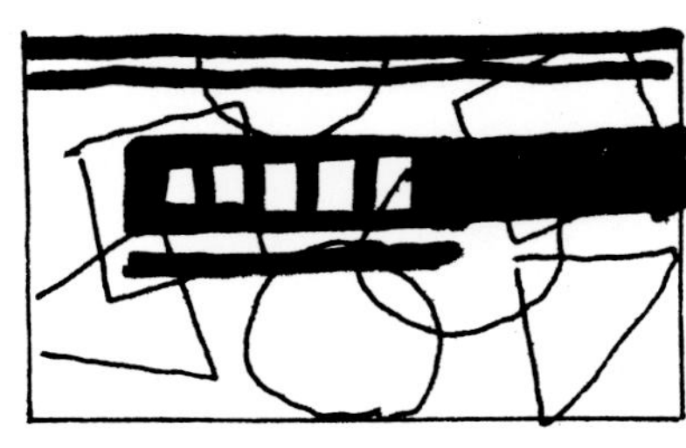

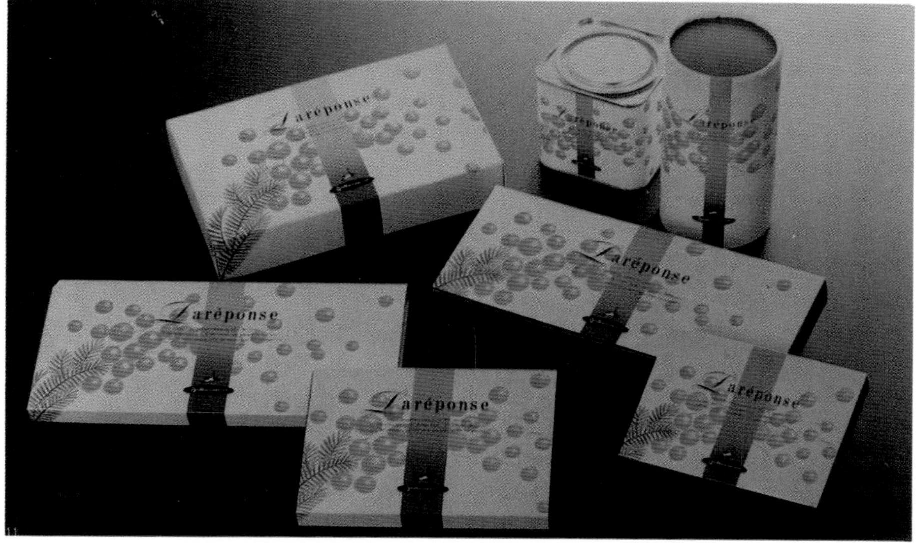
Laréponse

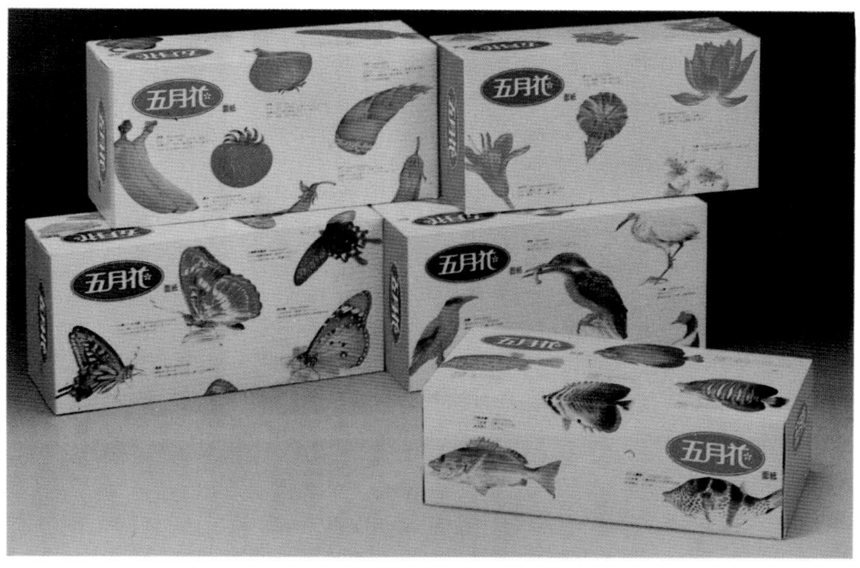
五月花

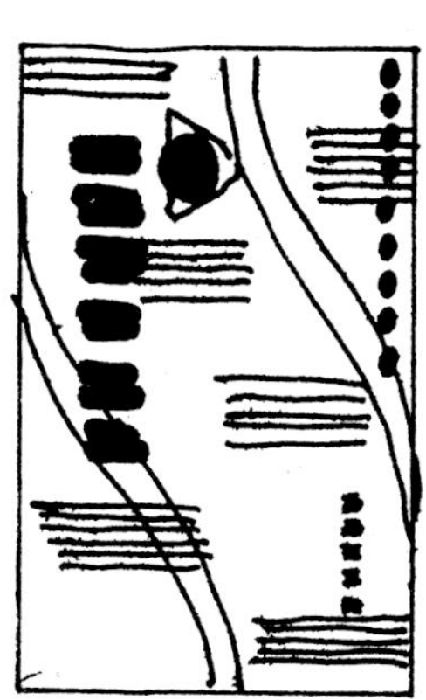

7. **求方式**

求方式骨架实际上是垂直式与水平式的组合，稳重、和谐。处理时应注意面积的大小和经营位置的巧妙变化，以打破呆板的格局，使画面在呆板稳定中呈现活跃自由的视觉效果。

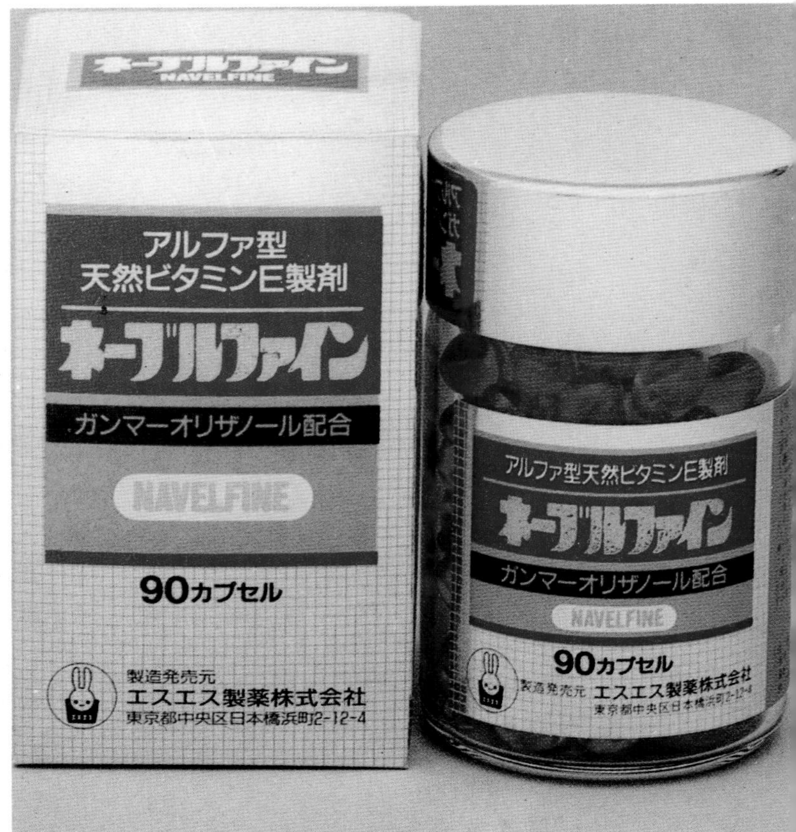

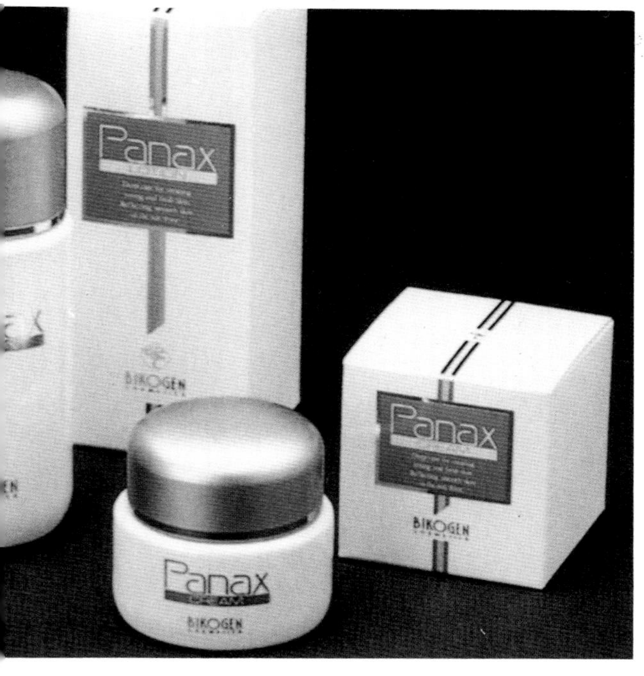

Panax
BIKOGEN
Panax
BIKOGEN
Panax
BIKOGEN

HYOEC

RWEOCI

A MEAL IN MINUTES
100% CALIFORNIA
Wild Rice Italiano
A robust mix of fresh-dried Wild Rice with tomatoes and olives in the Italian tradition
NET WT.
SORRENTI
4 OZ.
A MEAL IN MINUTES
100% CALIFORNIA
Wild Rice Delight
A delightful mix of fresh-dried Wild Rice and fruit with a hint of savory chicken
NET WT.
SORRENTI
4 OZ.
SORRENTI
FAMILY FARMS
Wild Rice

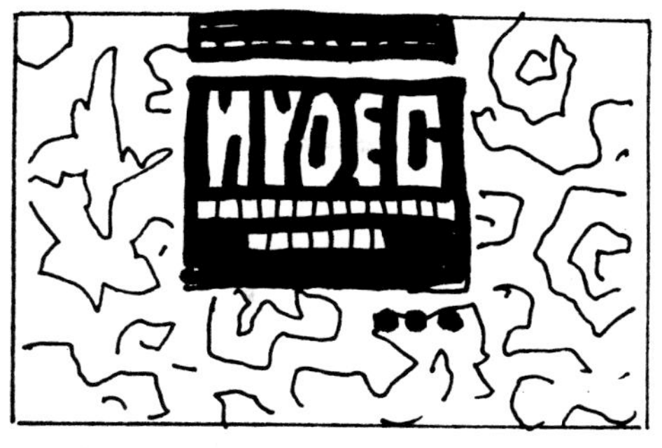

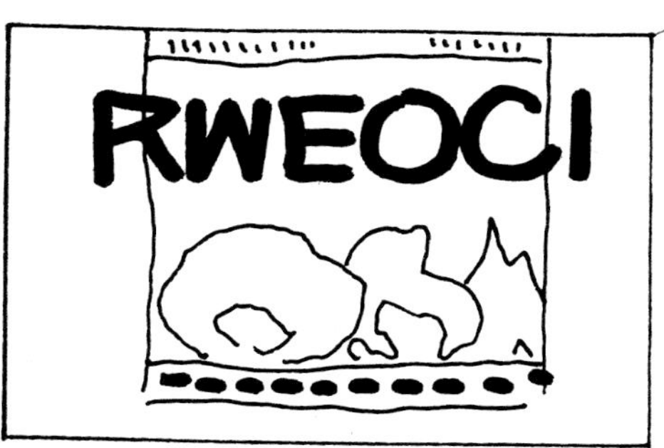

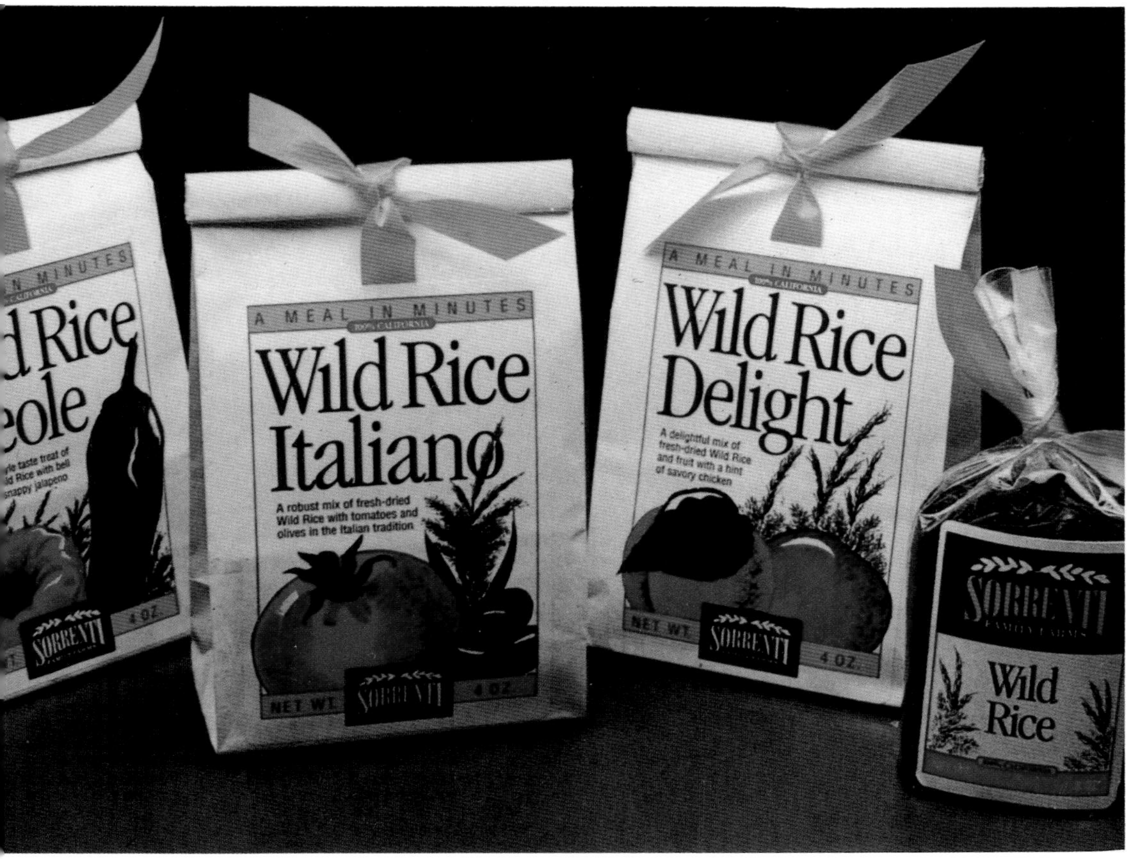

8. 中心式（满心式）

置主要表现内容于画面中心位置，视觉安定，形象集中突出，层次感强而丰满。但运用不当会呆板陈旧，应处理好主次关系、色调调解和文字的经营，力求画面丰满和谐，有收有放。

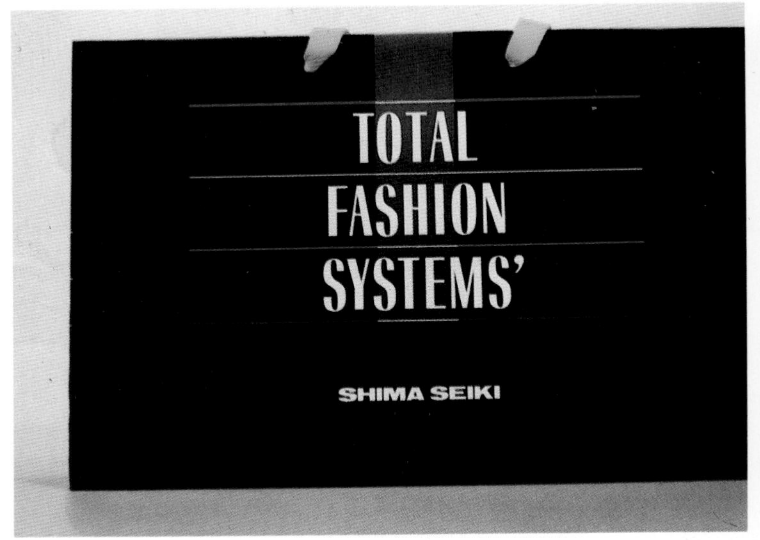

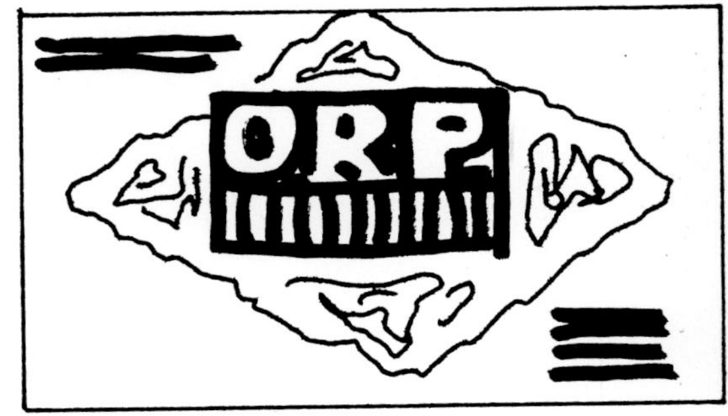

魚仙
FAIRY OF FISH
RESOURCE MARINE DRUGS INC.

RNIB
SUPETBMCUS

GNFSI

9. 空心式

与中心式骨架结构恰恰相反，将主要或大部分内容置于画面边缘位置，而中心呈现大面积空白，使整个画面呈现空间膨胀，激发读者的好奇心理，达到意想不到的效果。

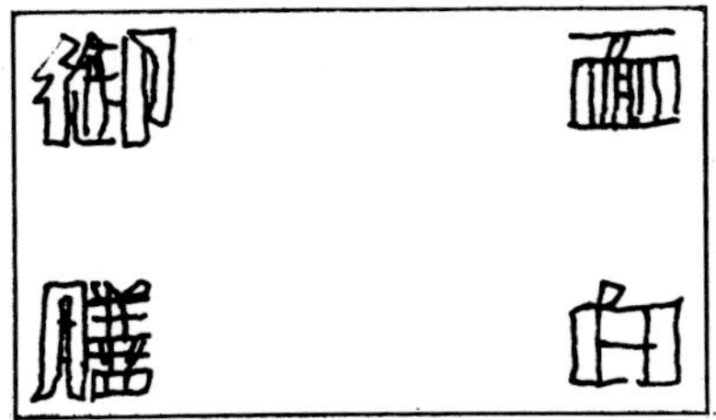

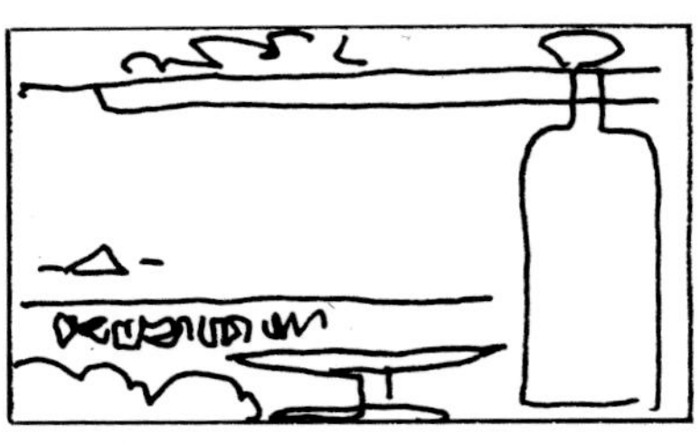

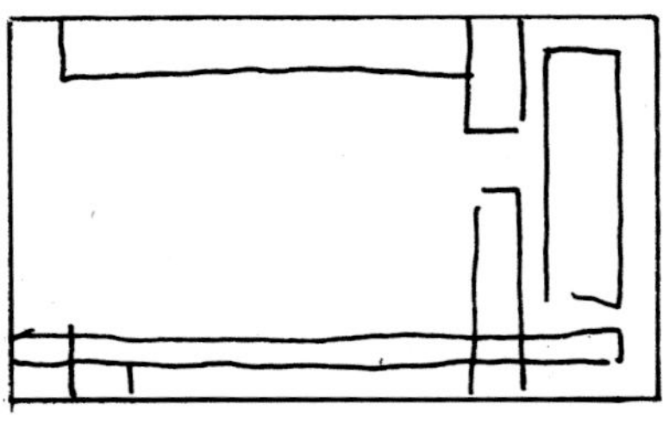

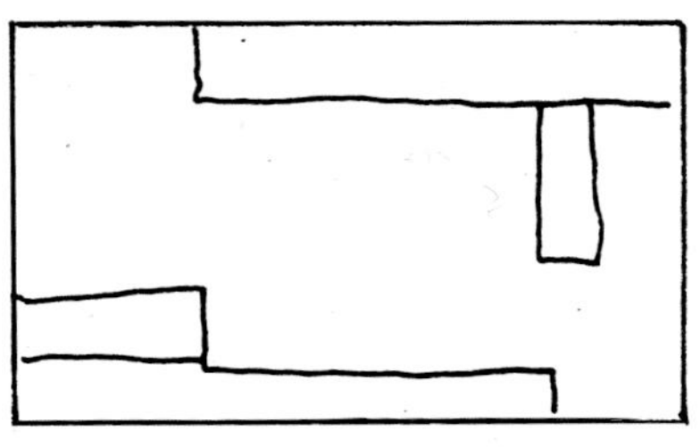

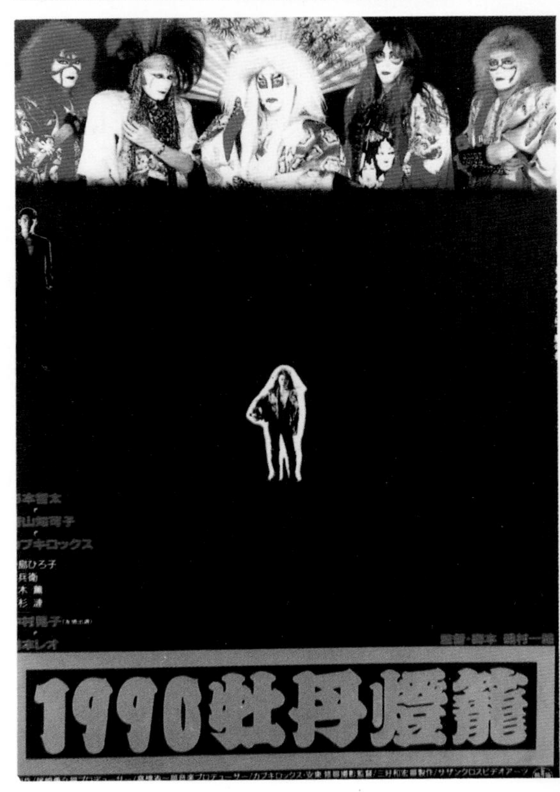

KAMAYA
Sales Guide

Crece el sueño de la dama
En la tierra romántica
Un restaurante de la tierra amable
Se realiza su deseo
Es la admiración ética
ETHNIC CHICKEN
MARCO DE POLLO

10. 格律式

是将画面分割为多个空间，在所形成的面积中处理文字和图案等，利用线和面的组合构成有规律的画面，给人以韵律感。

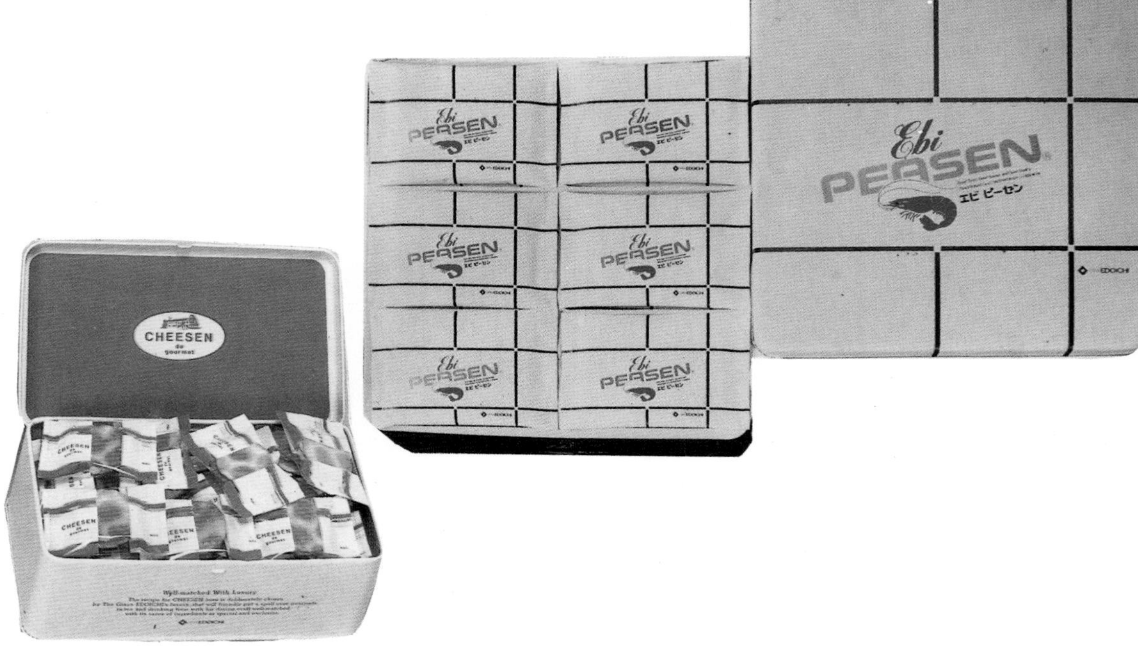

11. 重叠式

多层次的重叠，使画面丰富、立体，且有律动感。处理时应注重色相对比和黑、白、灰效果，层次多而不乱。此结构在食品中应用较多。

以上诸种构图骨架形式，只是理论概括，在实际运用中应灵活，不要做形式的奴隶，而应得心应手地驾驭规律，使其设计新颖生动。

CORTES
DEFUMADOS DE PERU
SEM OSSO
Peito
adia
DATA DE
EMBALAGEM
MELHOR
CONSUMIR ATÉ

包装设计的色彩

◯色彩的商品性
◯色彩的民族性和流行性
◯色调

万物都离不开颜色，地球即是个色彩世界，人们生活在色彩之中。包装装潢的色彩构成有它自己的个性。其他绘画艺术的色彩注重追求和描绘对象由光源色、固有色和环境色所构成的色彩规律——自然的色彩规律。当然，绘画艺术也讲写实色彩和装饰色彩。包装装潢色彩和其他绘画色彩都追求一个总色调，都离不开色相、明度、纯度三要素，同时协调面积的大小、对比的强度等。而包装装潢的色彩除此而外，更强调简练、强烈，显明的装饰性和商品的属性色彩。它要求色彩醒目明快，有强烈的吸引力、号召力和竞争力，既强烈又统一，既鲜艳又和谐，以唤起消费者的购买欲。较多地运用原色和间色，以及金、银、电化铝等色彩效果强烈夺目的材料，以加强识别性和记忆性。

为实现宣传、美化商品，促进商品销售的目的，对包装色彩的运用，必须依据现代消费社会的特点、商品的特性、消费者的习惯爱好、国际国内流行色变化趋势等及时了解和研究，不断增强色彩的社会学和消费心理学意识。

所谓色彩感，即是色彩通过视觉而反映在心理的感情联想。尽管不同的国度、不同的民族以及不同的人，对色彩各有偏爱，但对色彩认识的共性还是一致的。

70 年代以前，我们的色彩是低调的，无论是人们的服装，还是室内外环境（那时没有装修一说），都是黑、白、灰、蓝、绿占据着整个社会空间，再就是大红大绿、龙凤牡丹之类，屋里惟一有色彩的便是墙上的传统年画。包装的色彩也同样死气沉沉，同时受印刷技术和材料的局限，基本处于低档次状态，那时我们出口的很多独有的传统产品，只因包装上不去，价格也被压得很低，经过人家重新包装，售价马上提高了几倍甚至几十倍，这不能不使我们痛心内疚。那时由于经济闭塞，国外先进商品很难问津，对“外面”的色彩世界基本上一无所知。改革开放以后，先进国家的先进商品入潮般涌进国内市场，那温馨和谐的化妆品包装、庄重华贵的酒类包装、深远宁静的饮料包装和色彩醒目跳跃的食品包装等等，与我们那多年的“灰色包装”形成显明的对比，无情地冲击着我们的习惯用色，给我们的包装乃至一切生活环境带来了一个五彩缤纷新的色彩世界。

任何事物都是辩证的发展的，包装工作者如何对待外来色彩和传统的大红大绿，这恐怕是一时间让我们深感困惑的。“洋为中用，古为今用”始终是正确的方针。外来色丰富了我们的色彩世界，给我们包装的色彩革命带来了极好的机遇。如何科学实际地吸收外来色彩鲜明的商业性和国际性，改变我们过去包装的色彩面貌，应在设计实践中多加研究和探讨，不能一味摹仿盲目照搬；另一方面，对于我们传统的民族色彩精华不能一概而弃之，应更好地继承，更好地为今天服务。有一位专业设计人员进行过很有说服力地调查，精辟地简述了传统的大红大绿仍焕发着无限的生命力："目前在我国人口比例中占绝对多数的浓民和相当一部分民众喜欢富有生活激情的红色和使人寄托无限希望的绿色。走进那曾孕育中华民族六千年文明史的黄土高原的窑洞式民居，那墙壁是黄褐色的，透过格棂窗射进来的光线是桔黄色的。试想在这样的生活环境中，如放上充满西洋风格的黑色或米黄色包装物，能显示出其高雅气质吗？一定会显得污浊灰暗，与环境极不协调。陕西老乡们在窗棂和炕围上到处贴着色彩极为鲜明的大红大绿剪纸和炕围画，并悬挂着洋溢生活激情的装饰挂件，其色彩也几乎全是红绿相间，显得特别醒目和亮堂。在以古代辉煌文史著称的中原大地，至今那黄土地还散发着昔日的芬芳。人们仍保留着淳厚的乡俗民风，衣食住行，生子嫁娶，年节贺寿，无不体现着人们对红绿色彩的特殊喜爱。那青色瓦屋、腥红对联、红绿门神、红灯笼、红头绳、红喜帖、红鸡蛋、红绿绣鞋，披红挂绿显示着人们对生活、对乡土情谊的刻意追求。

"一方水土养一方人"，在我们这个有六千年历史的文明古国里，由于历史的原因、民族的因素和居住条件的影响，形成了人们对大红大绿的特殊喜好。所以"大红大绿"绝不能简单地认为是一种俗气、落后的标志，她体现着这个中华民族六千年文明史中的民族意识、文化意识和乡土情谊。

1. 色彩的商品性

包装色彩的商品性是指各类商品都有各自的倾向色或称属性色调，这是同其他绘画用色最大的区别。例如食品、化妆品、五金用品、娱乐用品、文教用品、医药用品等等都有不同的属性用色。属性用色是同构图、表现手法等共同构成了某类商品的属性特征。即使是同类商品也还有其属性色区别，如镇静药和滋补药、中药和西药；化妆品中女士用品和男士用品等。这种色彩属性的形成因素是久远的复杂的，可从物理的、生理的、心理等方面去研究，这里不必“追根问底”。

2. 色彩的民族性和流行性

不同的国度、民族和地区，对色彩的感受和好恶是不尽相同的。在瑞典，蓝色象征着男子气概，而日本则是黑色，荷兰和瑞士则视蓝色为女性色，我国的女性色为粉红、肉色、粉绿和紫色等；红色在美国和瑞士为最清洁，而英国视红色为最低劣色，我们最喜欢红色，视它为喜庆色和“革命”色；蓝色在埃及被视为“恶魔”的象征；黄色在伊斯兰教地区是代表“死亡”的色彩；红三角在捷克是有毒的标记，绿三角在土耳其是免费的标记。日本人厌恶那些极端的暖色和冷色，偏爱温和色调、较暗淡较细腻的色调，它正是日本人“赔礼道歉、洁身自好”，人与人之间彬彬有礼，古朴独生世界观的写照。任何一个日本的包装拿来，我们一眼就能认出是日本货，说明包装的色彩和风格同样有国度属性的。然而，随着日本现代化工业的突飞发展，产品大量倾销国外市场，就不可能将自己民族的色彩意识强加于人。如日本出口的载重汽车、吊车等就用了大面积的极饱和的桔黄色和黑色的对比，效果极强烈、醒目，极富时代感。

所谓流行色是指某一区域在一定时期中流行的颜色，以改变调解人们节奏和情感的需要，这在服装上为常见，包装色彩影响变化不大。

伴随现代科学、经济、文化的高度发展，人们生活节奏的加快，思想感情、欲望追求的改变，包装色彩的运用也必然要不断地遵循于社会发展规律。

3. 色调

一幅画面是由几种或多种颜色构成的，可颜色的分布不可能是平均布置的，总有一二种颜色占主导地位，以这一二种颜色为基础，便形成了一个倾向色调。色调有时能左右人们的情感和欲望。色调处理的好坏有时决定着设计的成败，也是检验一个设计者专业水平和修养的标准所在。

鲜艳色调——色彩纯度高，多为原色对比，色彩交响热烈，画面活跃、欢乐，美丽甜蜜，生动豪华，视觉冲击力强，感召力大。这种色调一般用在食品和儿童用品包装上，一般以暖调为主。尤其食品，那黄红色调给人以热量、食欲之感。褐色调又联想到咖啡、巧克力之浓郁清香。

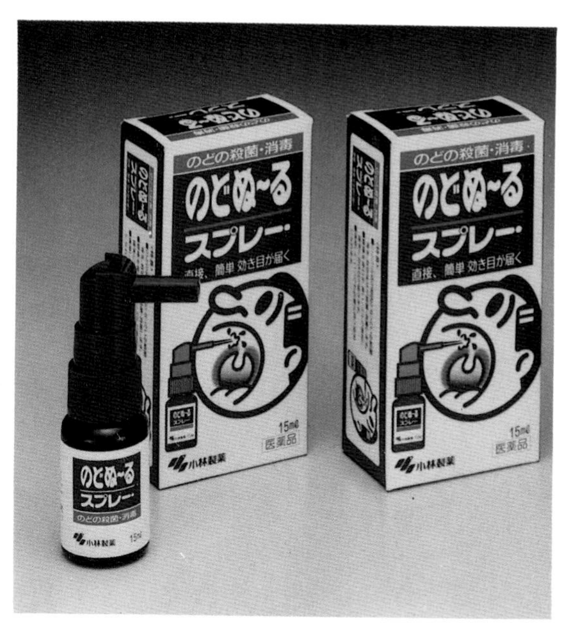

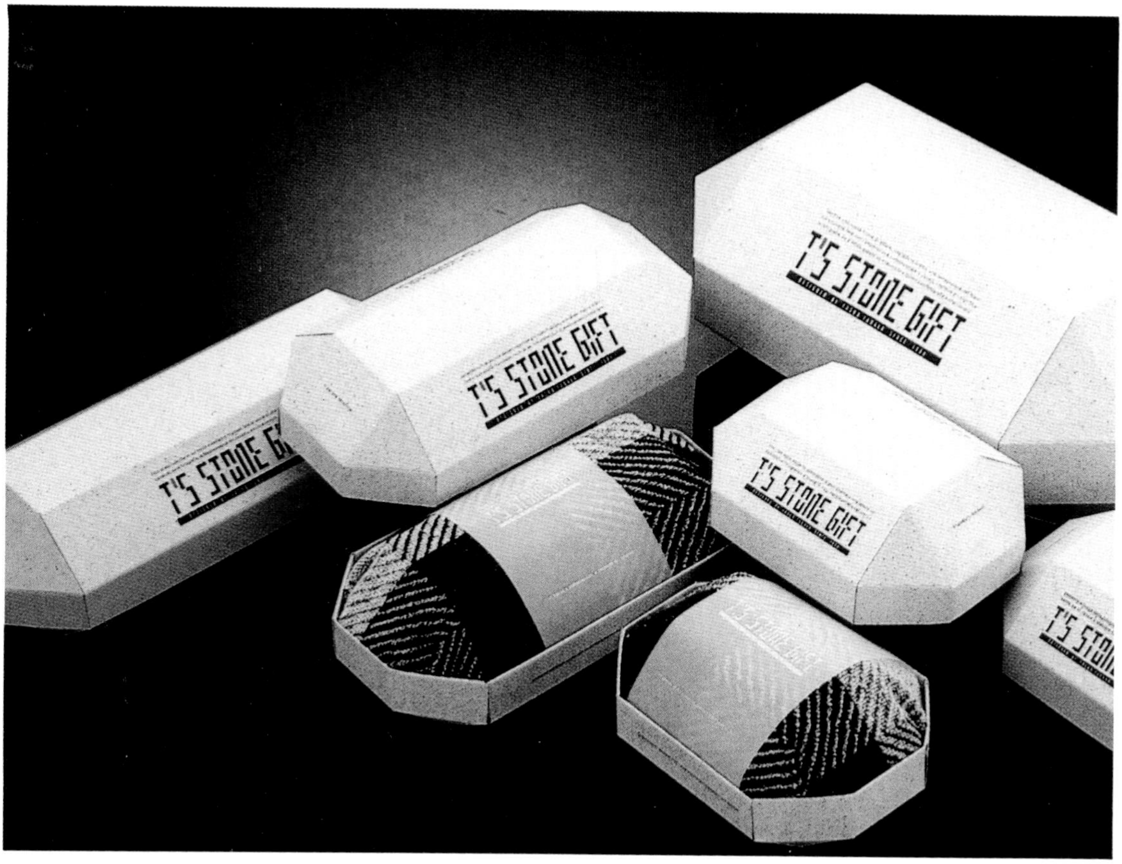

温和色调——色度较低，对比弱，给人以浪漫、自然、温和、娇柔、雅致、庄重高贵感。此色调一般用在化妆品、高档礼品和一些医药用品包装上。

清晰色调——多为冷色与黑白的构成。给人以纯洁、新颖、时髦、洒脱、朴实无华、清雅高贵之感。多用在文教用品、五金用品和一些烟酒包装上。

黑、白。灰——色度极低，但却起到了其他色调所起不到的作用。黑与白是反差的极点，可极大幅度地拉开画面空间和韵律，能衬托和对比出其他颜色的色彩感(或冷或暖、或浓或淡)，使画面清新明快。经常大面积应用，形成独有的主色调，更具高贵、纯洁的感受，用于化学制品和五金等包装。

金、银、电化铝——属金属色。在所有颜色仔身价最高，象征财富、权势、地位。在包装中多用于高档商品包装上，如高贵馈赠礼品、高档烟酒、滋补药品、化妆品等，给人以富丽、豪华、高贵典雅之感。由于其反

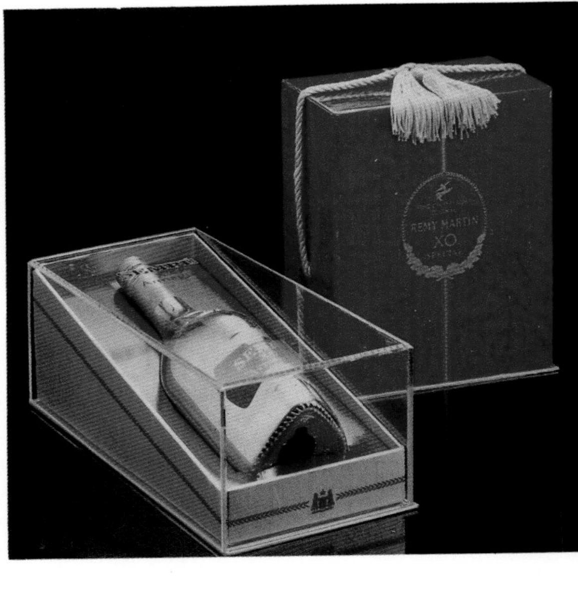

光性较强，多与反差较大的颜色构成画面。有时应用面积虽小，却起到“画龙点睛”的作用，具有强烈的吸引力和共鸣感。

应当注意的是，在激烈的市场竞争、包装装潢争相拔高的形势下，不少包装不分档次，不分商品品种的大面积滥用金、银和电化铝，既提高了印刷成本（也是商品成本），又降低了金银、电化铝的“身价”和包装的档次。

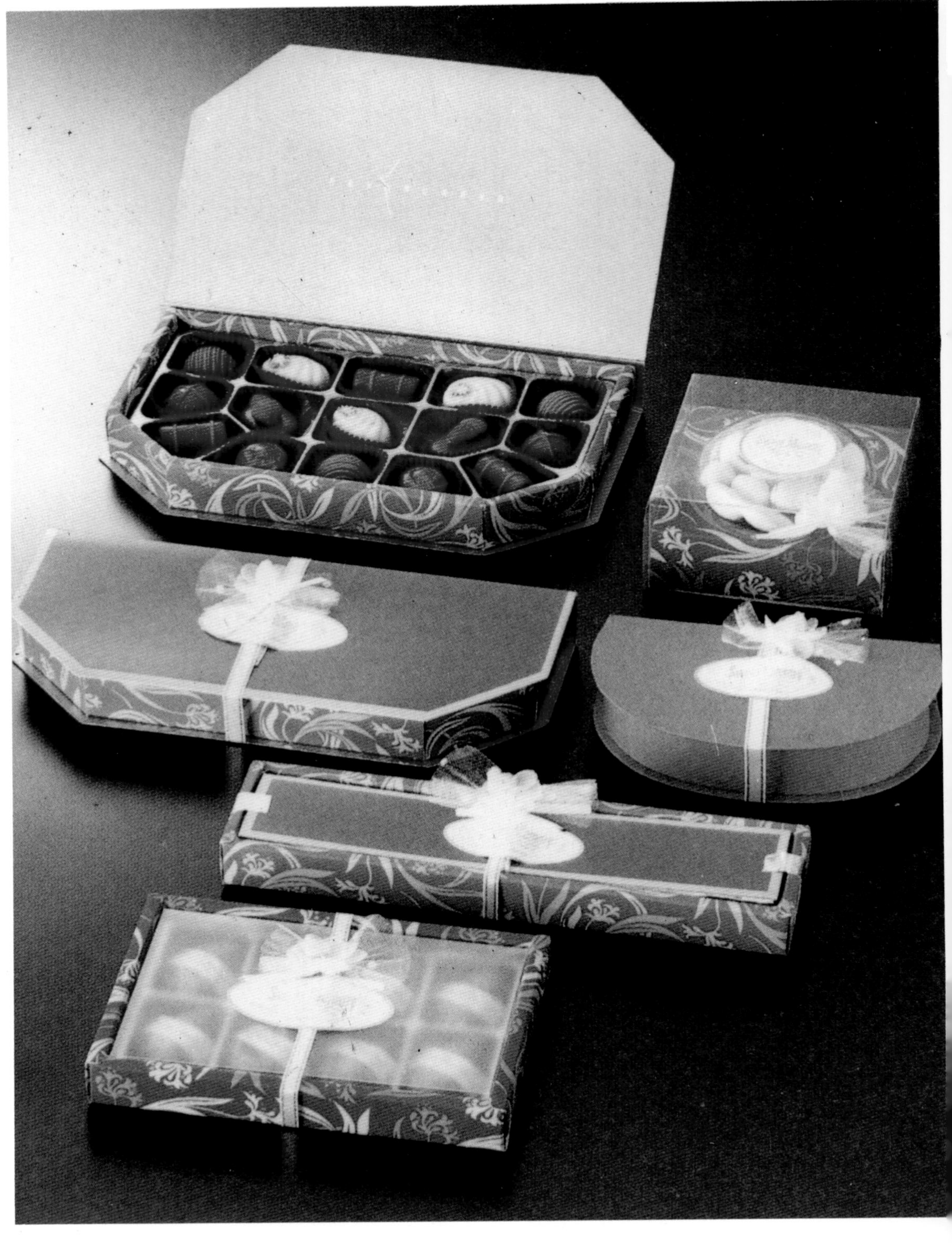

8

系列化包装

○同类产品，造型、图案、文字统一，颜色变化。

○同类产品，图案、文字、颜色不变，规格、造型不同。

○同类产品，文字统一，其规格、图案、颜色变化。

○同类产品、规格统一，图案、颜色、文字变化。

○同类产品，品牌不变，表现手法统一，规格、颜色、造型变化。

○同类产品，颜色基调、文字品牌、造型不变、图案形象和经营位置变化。

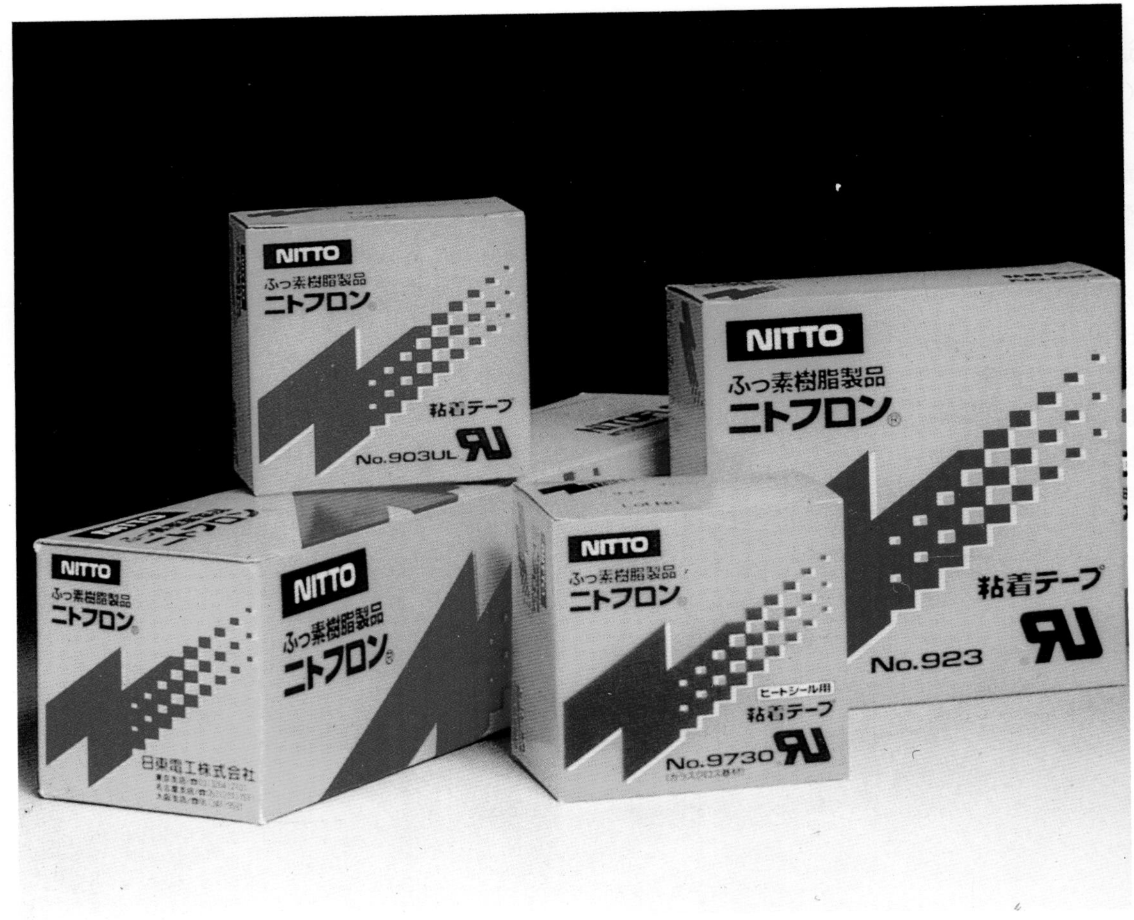

系列化包装的迅速发展，说明了这一包装形式顺应了经济发展市场竞争的需要，也证明了这一包装形式符合了广大消费者的审美心理。系列化包装是国际上早已流行了的，我国近几年才开始从认识到发展。它是一个企业或一个商标品牌的相同种类不同品种的产品，采用一种统一而又变化的规范化包装设计形式。即是以局部色彩、形象或文字等的变化，而整体构图完整统一的处理手法，将多种产品统一起来，也叫“家族式”包装。使顾客一眼便知是某家某厂某牌的产品，从而树立信誉和名牌产品观念，使产品整体形象感强，给人印象鲜明，久久不忘。系列化包装有两方面优势：一是使企业产品显赫，有利于以众压寡，有利于创名牌，有利于市场竞争；二是起到扩大销售的作用。如果消费者对系列产品中的一种满意，就会对该系列的其他产品产生信任，这就扩大了销售影响。如果是传统名牌产品系列，便可借名牌魅力来扩大销售。由于系列化包装在销售市场上的作用以及发展趋势，就决定了它在市场竞争中的战略地位。

系列化包装设计的表现手段很多，就国内外市场出现众多形式，大体可归纳为以下几种：

1. 同类产品，造型统一，图案（或主要形象）统一，文字及经营位置统一，只是颜色变化。这种处理展列起来整体感极强，应用广泛。从印刷的角度来看，改版工序简便，只需将主体文字改换，变换油墨颜色即可。

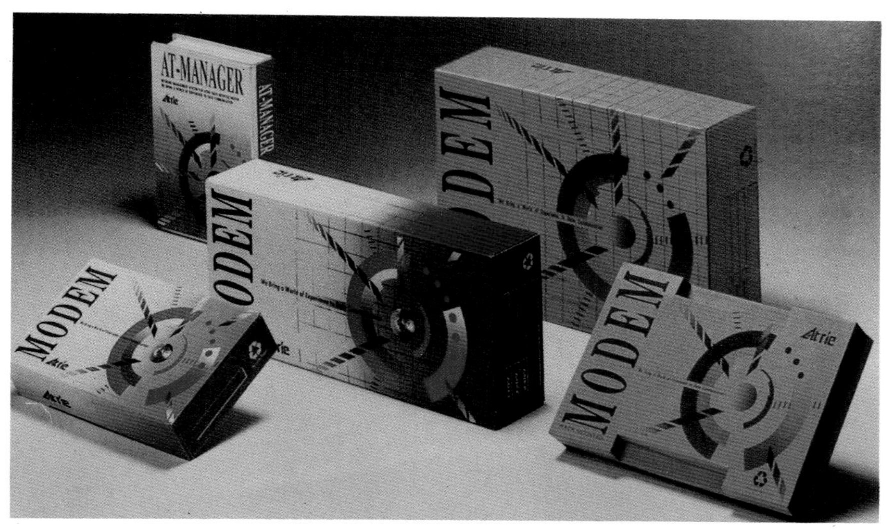

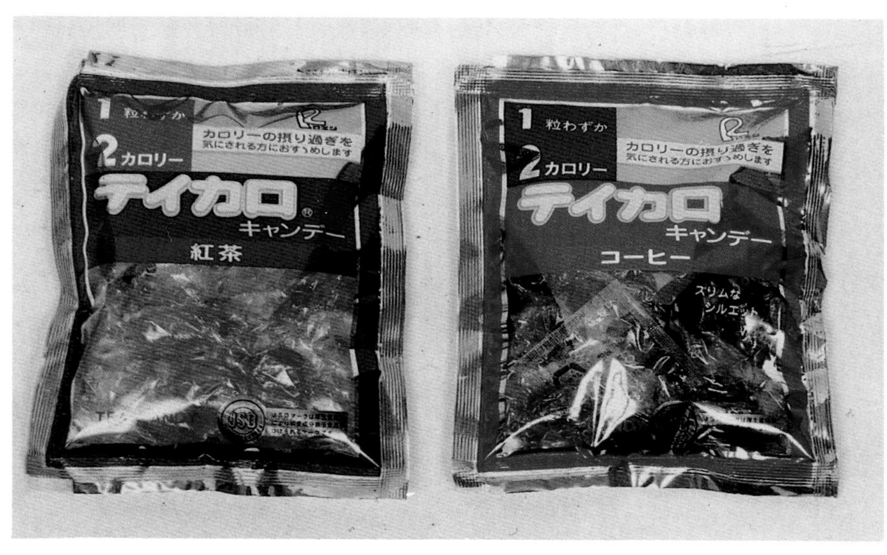

2. 同类产品，图案、文字、颜色都不变，只是规格不一，造型不同。这种变化形式多用在化妆品包装和规格不同的同种产品包装上。

3. 同类产品，文字经营位置不变，其规格、图案、颜色都有变化。

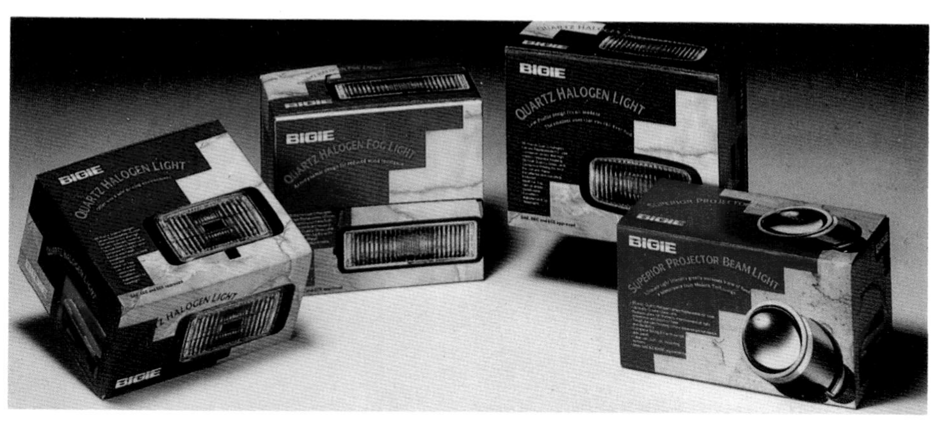

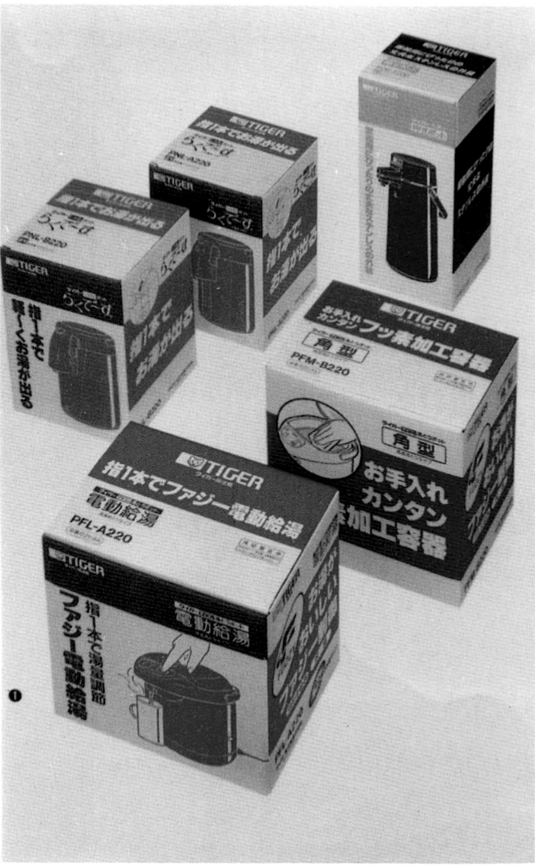

4. 同类产品，规格不变，图案、颜色、文字都有变化。这种形式变化较大，但图案的表现手法是一致的，形成主体形象的统一性，仍有较强的系列感。

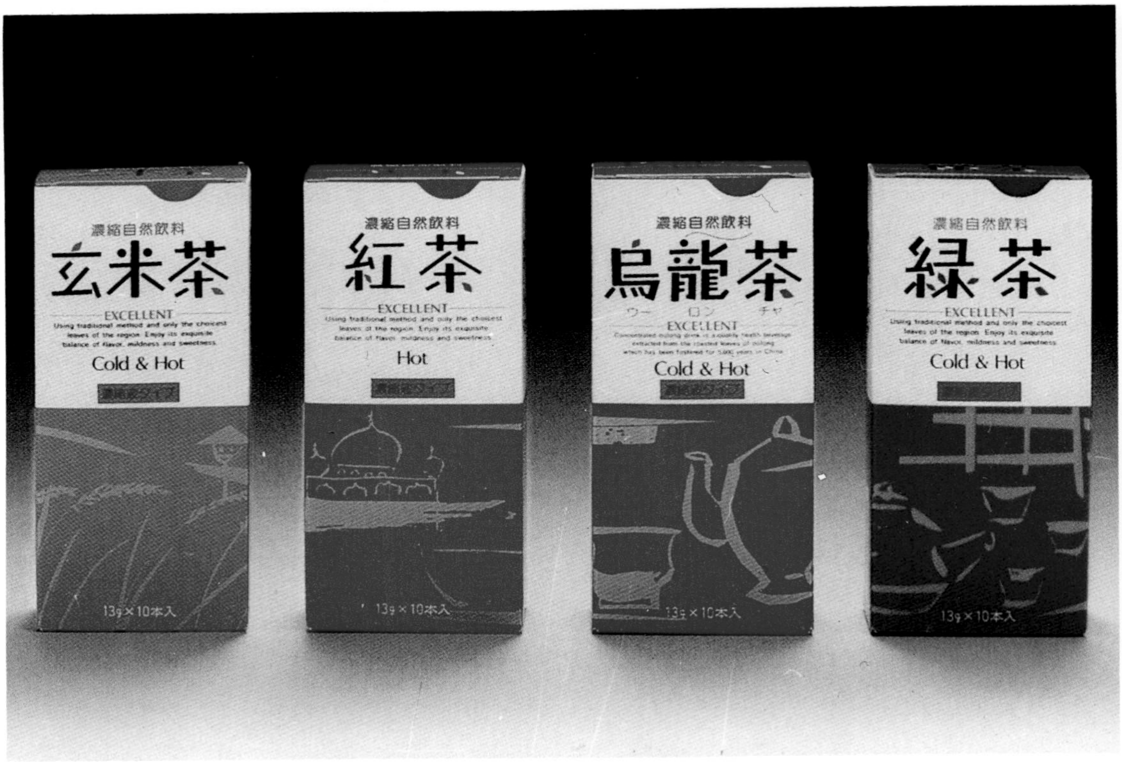

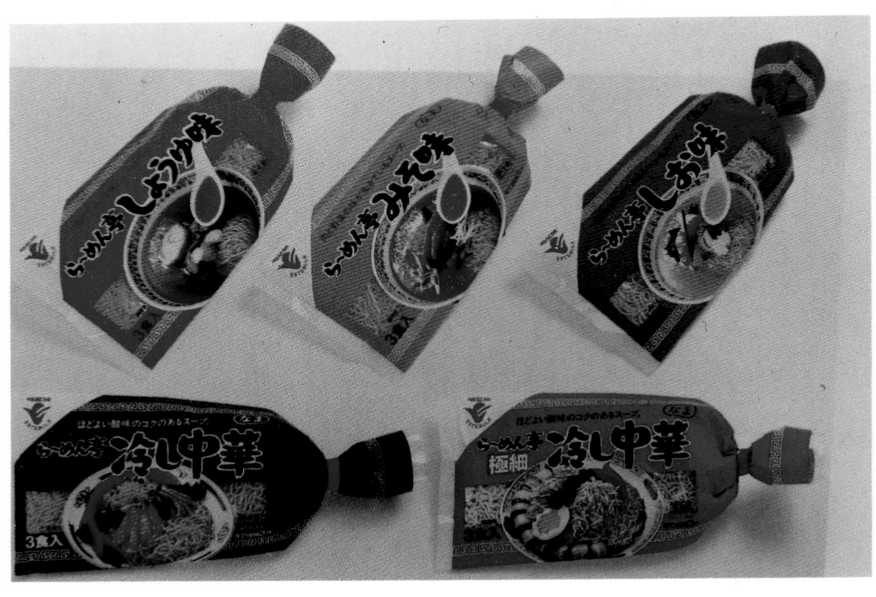

5. 同类产品，规格、颜色、造型都有变化，只是品牌不变，是表现手法的一致将它们统一起来的。这种变化新颖别致，趣味性强，多用于儿童玩具或儿童用品包装，很能抓住儿童心理，展示效果好，吸引力强。

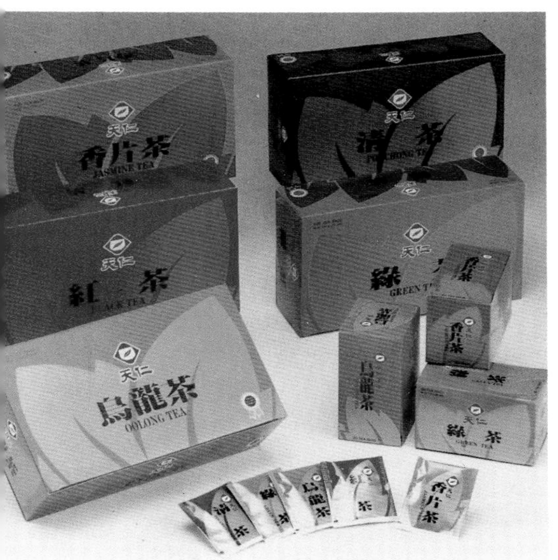

6. 同类产品，颜色基调不变、文字品牌不变、造型不变，只是图案形象及经营位置变化。它巧妙地利用盒体四个面的多重组合，构成了极有趣味的新的图案，等于将一个盒体的四个面伸展开，扩大了视觉，增强了吸引力。

以上种种，就其变化的丰富性，表现手法的多样化和整体感召力，可见在市场竞争中的重要地位。

系列化包装的表现形式与装饰绘画中的“重复”表现手法是一致的。装饰绘画中经常出现人或物的重复再现，在重复当中，有时是单体的机械重复，有时是单体间的微妙变化，其目的就是延长节奏韵律，增强艺术感染力，通过视觉的赏阅，激起感情的共鸣。音乐中主旋律的多次再现也是此理。芭蕾舞剧《天鹅湖》中四小天鹅共舞一幕，轻快优美的旋律，伴以令人陶醉的翩翩起舞，给予我们极大的艺术享受，试想，如果改为一个小天鹅独舞会有这样的艺术魅力吗？系列化包装恰恰符合了这个艺术规律。

系列化包装设计中需要注意的问题：

产品类别不能混淆。系列化包装只是在同类产品中进行变化组合，非同类产品不能随意组合。比如饮料类，有桔汁的、葡萄汁的、山楂汁的等，在设计中构想一个统一的形式，在较明显的构图位置上突出各自的果品形象，使人一目了然，达到系列化目标，收到理想效果。如将“山楂汽酒”组合到里面就不合适了，因为一个是饮料类，而另一个是饮料与酒的合成，其成份不同，不能混淆。

同类产品系列化中应在共性中强调个性，个性不能破坏共性，也就是说局部不能破坏整体。以上面所举饮料系列为例，如将桔子、葡萄等果品形象表现得模糊不清，或表现手法不一致，或经营位置、大小处理不当，就不能明确清晰地展示商品内容，就不能形成完整的系列感，容易引起消费者的误解，失去销售价值。有些商品在系列化中有其固定的象征色调，必须掌握。

咖啡包装的象征色调是：红色表示味浓，黄色表示味淡，绿色表示酸味。

在化妆品包装中，绿色表示草香型，粉色表示花香型，黄色表示果香型，蓝色表示药物型。

在洗发剂包装中，红色表示干型，黄色表示油型，绿色表示中型。

系列化包装设计中还应注意商品的档次要分明。因为商品有贵贱低劣之分，高档商品不能同低档商品形成系列。只能是同类商品中的同档次商品之间构成系列。否则人们就会怀疑高档的是真是假？结果弄得高级的反而不高级，低级的冒牌高级，在消费者心目中失去信誉。

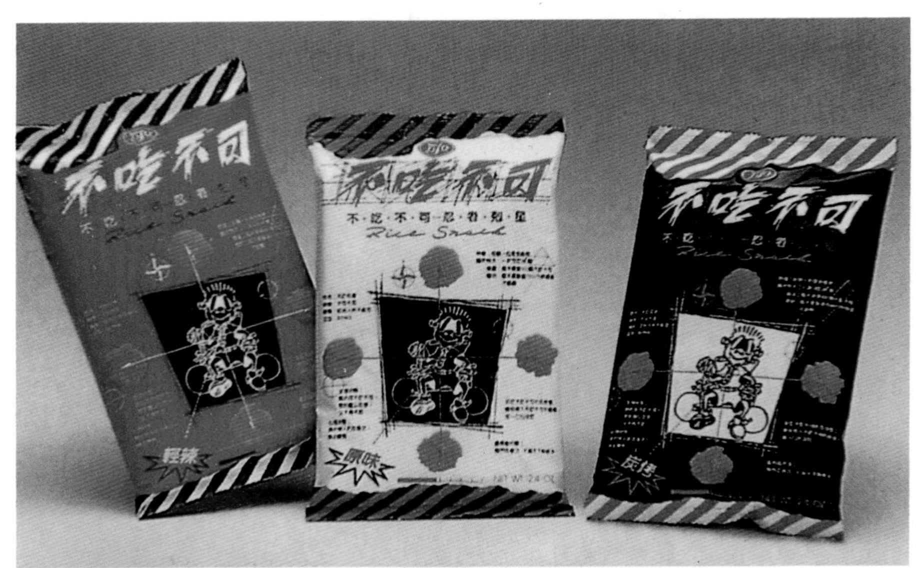

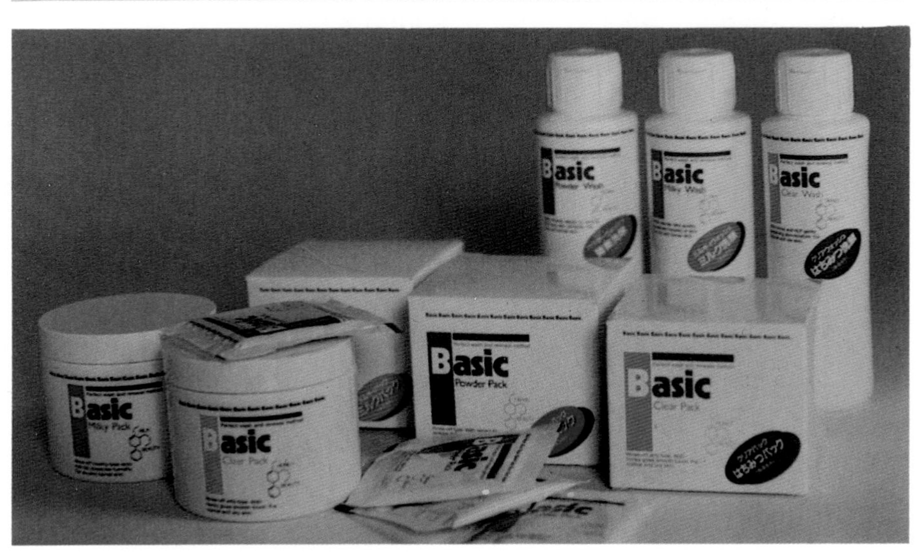

9

美术字在包装设计中的应用

文字在包装设计中占有举足轻重的地位，是画面构图中重要组成部分，它不仅是信息传达的手段，也是构成视觉感染力的重要因素，如何搞好文字设计，发挥其特有的魅力，是设计过程中不可忽视的重要环节。

包装中文字的构成包括品牌文字（商品名称）、拉丁字（汉语拼音或英文等）、厂名（厂址、电话等）、说明文字、广告语等，其中品牌和拉丁文字为主要文字，它们在构图中所据位置和面积都比较显赫。有的包装全部画面都是由文字构成的。所有文字由在构图中的地位、位置，决定其字体、大小、颜色、空间比例等。品牌和拉丁字体的处理手法和字体的选择是决定文字在画面中甚至整个包装效果的关键所在，尤其变体字的设计要规范而有个性，有时变体字很可能成为一

SAN-IKU
べに花油
SAFFLOWER OIL
圧搾しぼり100% ビタミンE入り
SAN-IKU
菜たね油
RAPESEED OIL
圧搾しぼり100%
SAN-IKU
ごま油
SESAME OIL

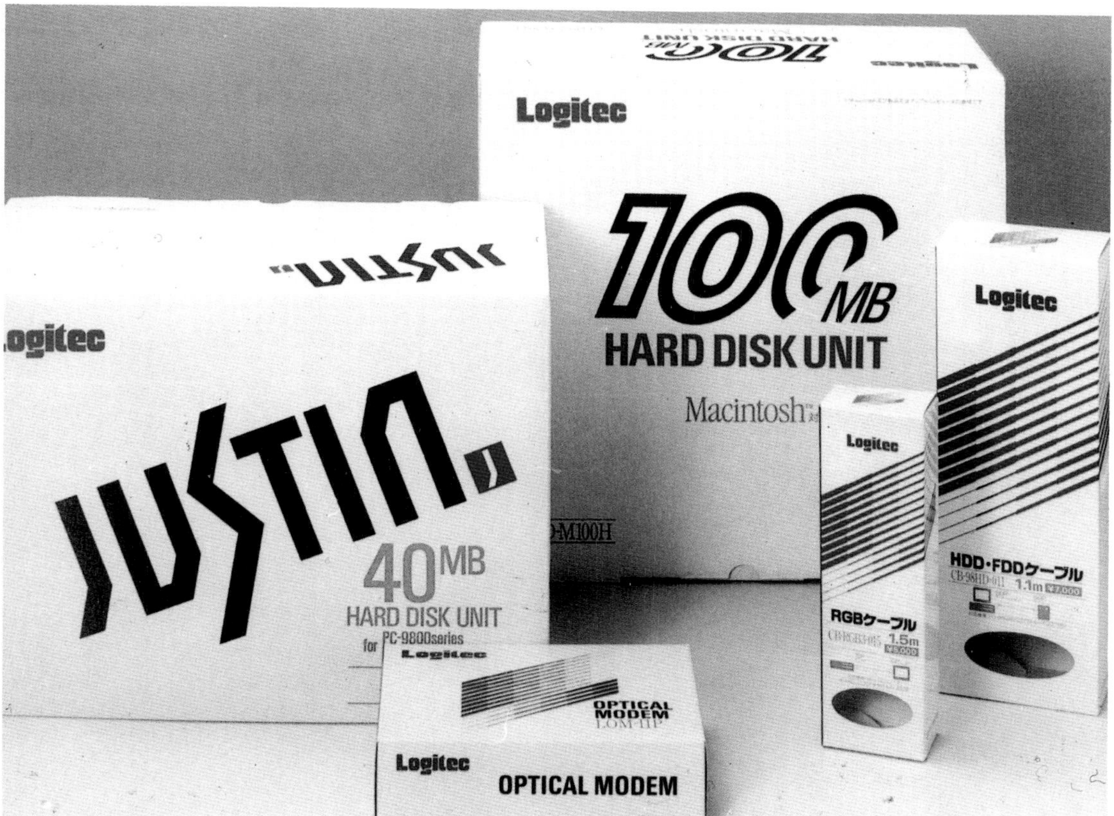

Logitec
100MB
HARD DISK UNIT
Macintosh
Logitec
JUSTIN
40MB
HARD DISK UNIT
for PC-9800series
Logitec
OPTICAL MODEM
Logitec
OPTICAL MODEM
Logitec
RGBケーブル
1.5m
Logitec
HDD・FDDケーブル
1.1m

个品牌甚至一个企业的标志或品牌形象的象征。文字的设计应根据不同商品的整体构思来选用字体，或庄重大方，或轻松活泼。常用的字体有宋体、黑体、变体和书体以及近几年出现的综艺体、圆体、琥珀体等电脑体。拉丁字有老罗马体、现代罗马体、各时期的变体和手写体等，变体中有很多规范的变化字型，可根据需要直接选用，也可根据品牌特定字母变型组合。

文字的应用也同服装的款式和颜色的流行性一样，有其时尚性，即在一定的时间内普遍时髦的一种或几种字型。

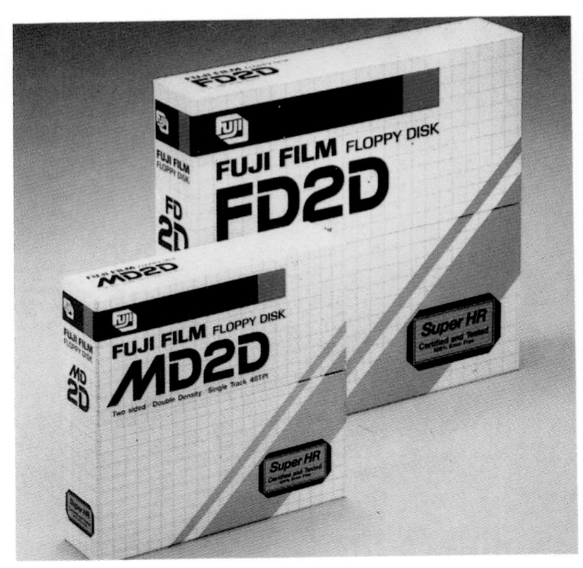

10

作品欣赏

styling gel
hard type
hair liquid
SUCCESS
excellent
shampoo
conditioning type
rinse
styling type
skin care cream

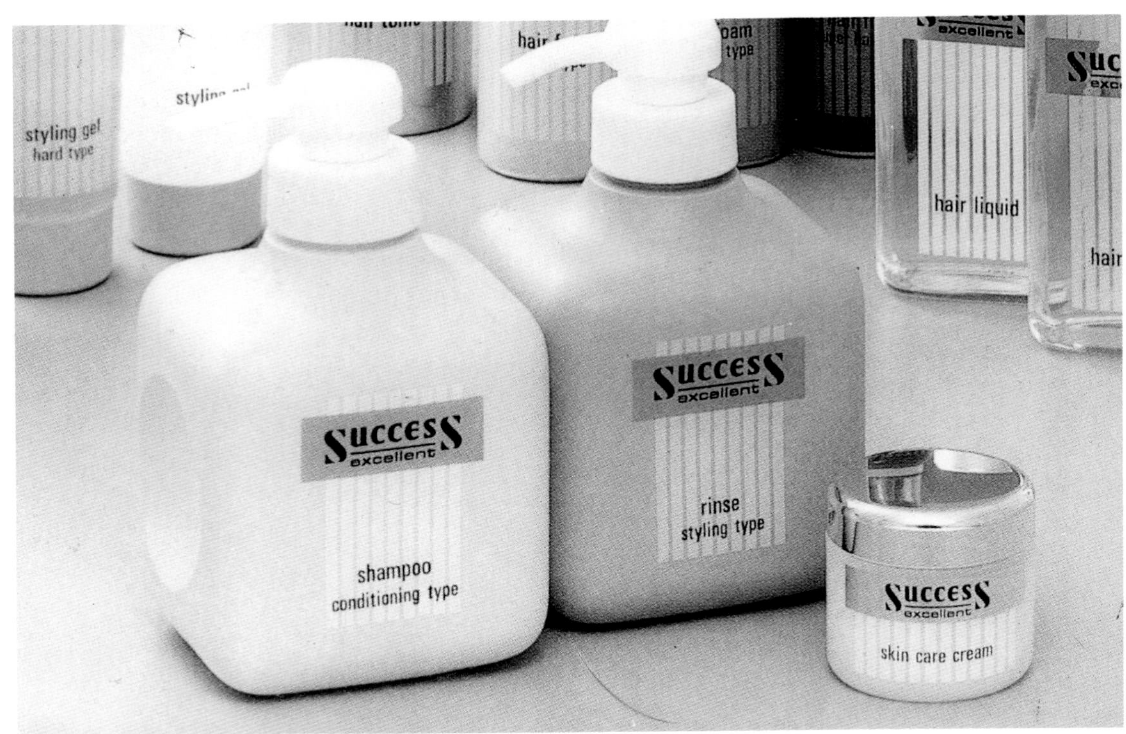

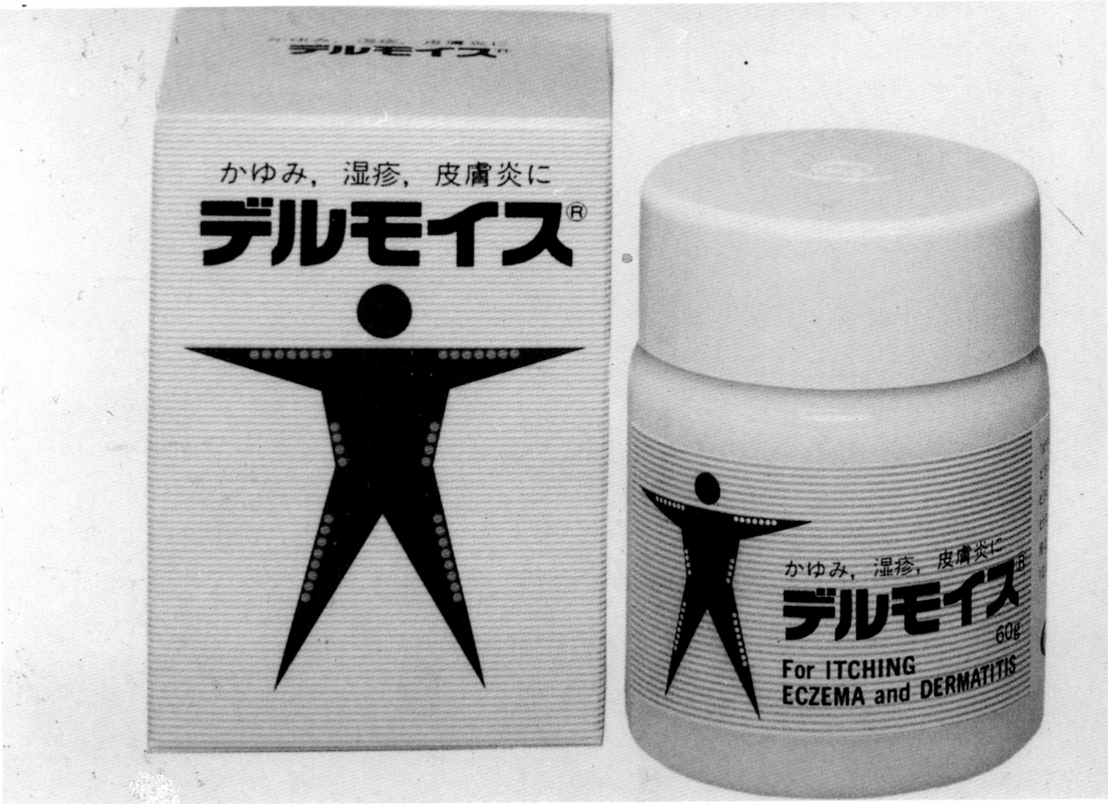

かゆみ，湿疹，皮膚炎に
デルモイス®
60g
For ITCHING
ECZEMA and DERMATITIS

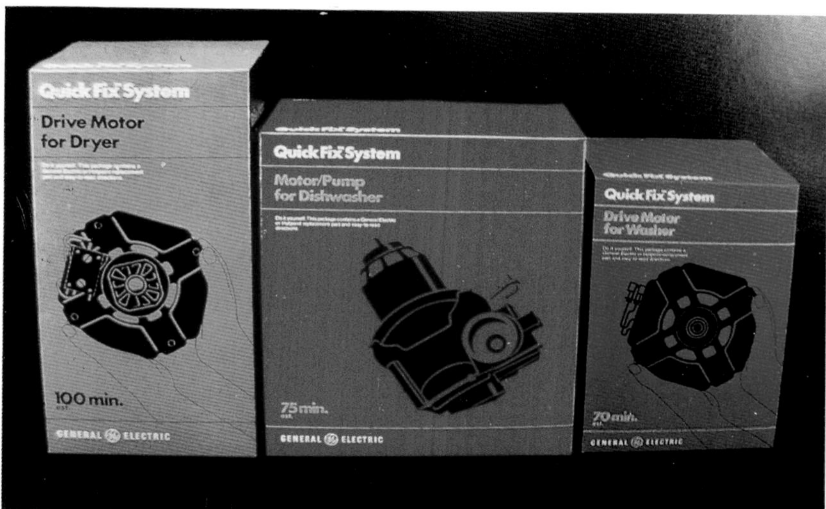

Quick Fix System
Drive Motor for Dryer
100 min.
GENERAL ELECTRIC
Quick Fix System
Motor/Pump for Dishwasher
75 min.
GENERAL ELECTRIC
Quick Fix System
Drive Motor for Washer
70 min.
GENERAL ELECTRIC

SONY
BLACK TRINITRON
KV-14GR1 I アイボリー
SONY
BLACK TRINITRON
KV-14G1 I アイボリー
SONY
BLACK TRINITRON
KV-14G11 R レッド

BOUQUET NOIX
Yoghurt raisin
Darkcherry choco
Cinnamon apple
Passion pine
BOUQUET NOIX

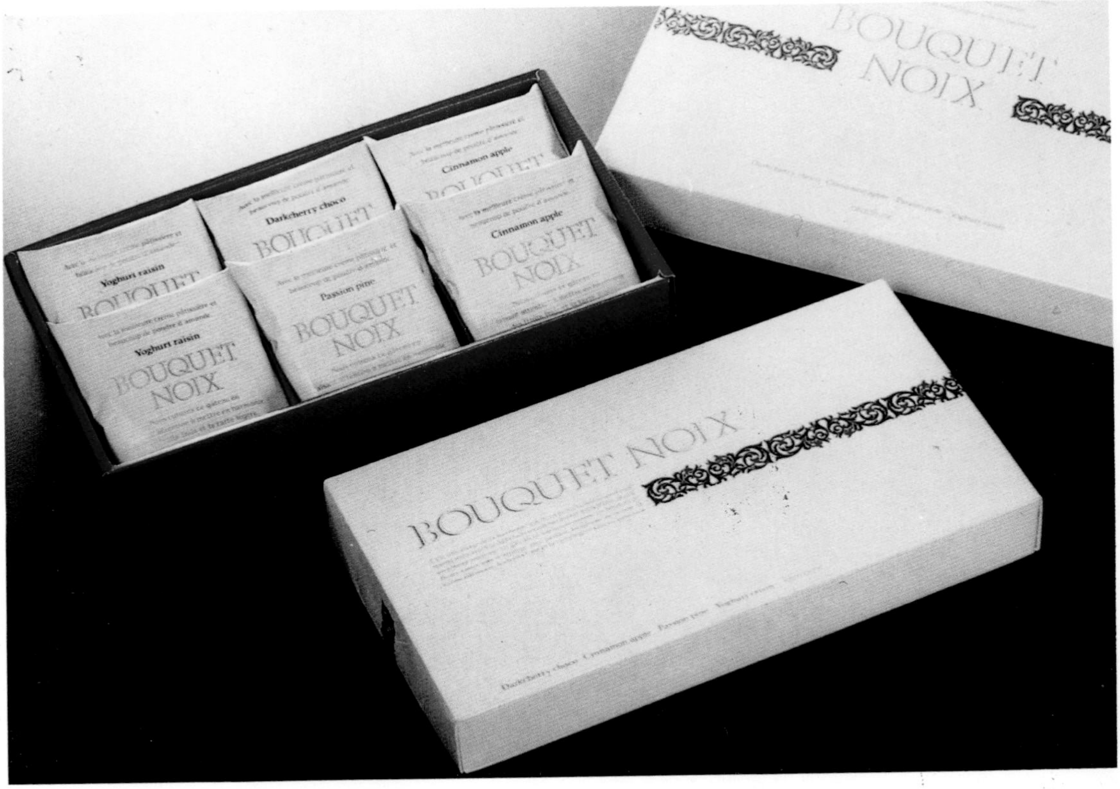

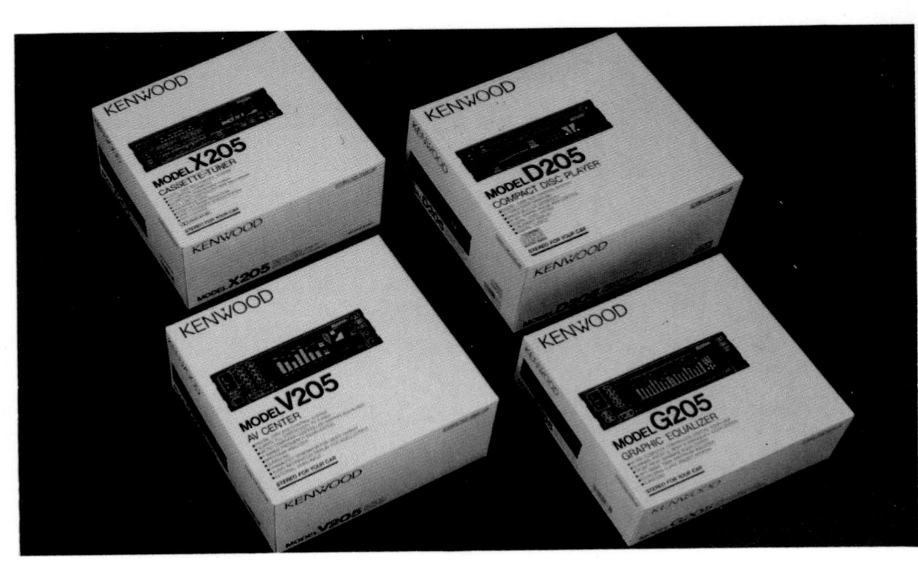

KENWOOD
MODEL X205
CASSETTE TUNER
KENWOOD
MODEL D205
COMPACT DISC PLAYER
KENWOOD
MODEL V205
AV CENTER
KENWOOD
MODEL G205
GRAPHIC EQUALIZER

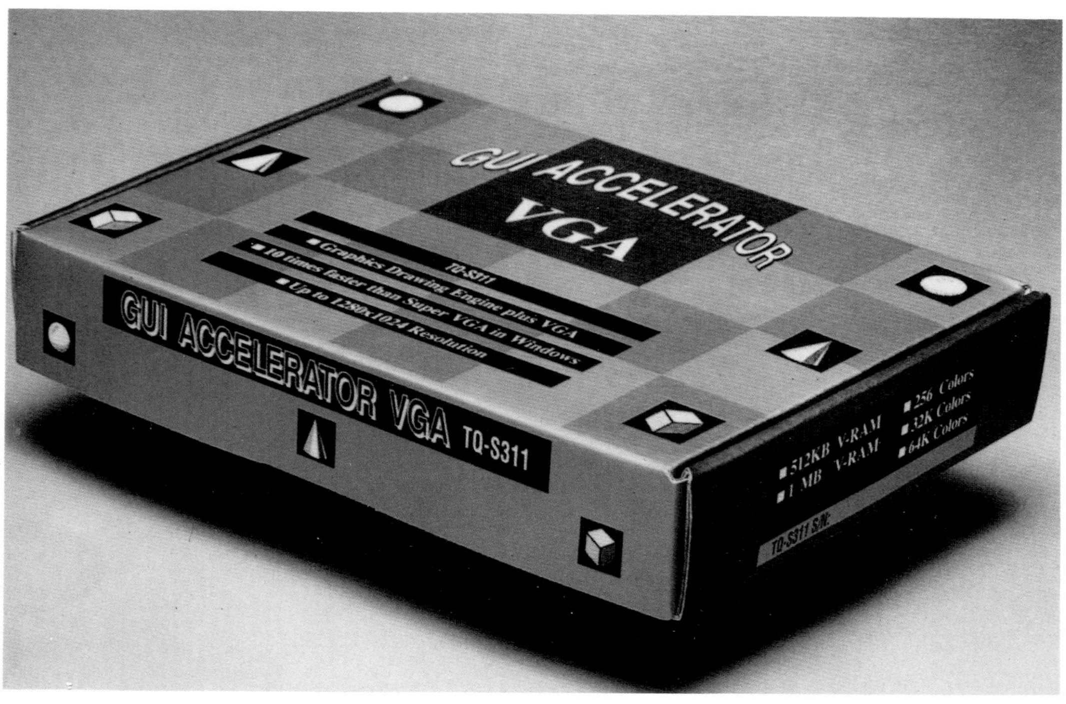
GUI ACCELERATOR VGA
TQ-S311
■ Graphics Drawing Engine plus VGA
■ 10 times faster than Super VGA in Windows
■ Up to 1280x1024 Resolution
GUI ACCELERATOR VGA TQ-S311
■ 512KB V-RAM
■ 1 MB V-RAM
■ 256 Colors
■ 32K Colors
■ 64K Colors
TQ-S311 S/N:

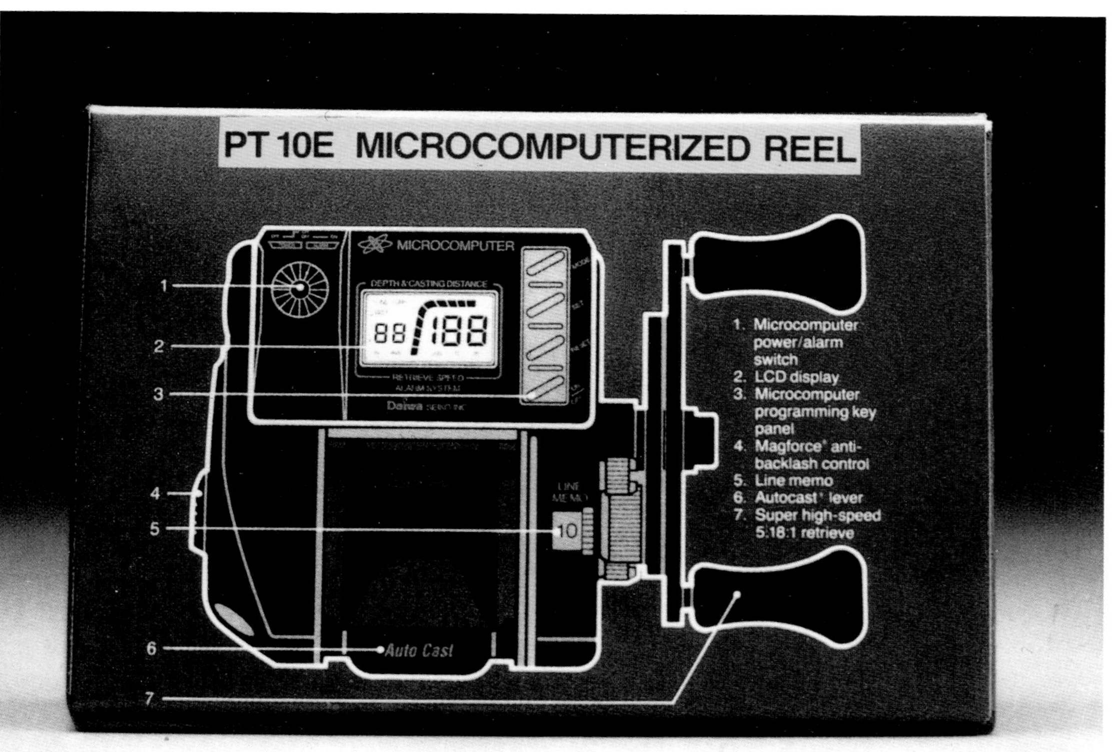
PT 10E MICROCOMPUTERIZED REEL
MICROCOMPUTER
DEPTH & CASTING DISTANCE
88 188
Daiwa
LINE MEMO
10
Auto Cast
1. Microcomputer power/alarm switch
2. LCD display
3. Microcomputer programming key panel
4. Magforce anti-backlash control
5. Line memo
6. Autocast lever
7. Super high-speed 5.18:1 retrieve

肌樂®
噴劑
ZERO PAIN
SPRAY
成藥
113ml
肌樂®
噴劑
ZERO PAIN
SPRAY
113ml

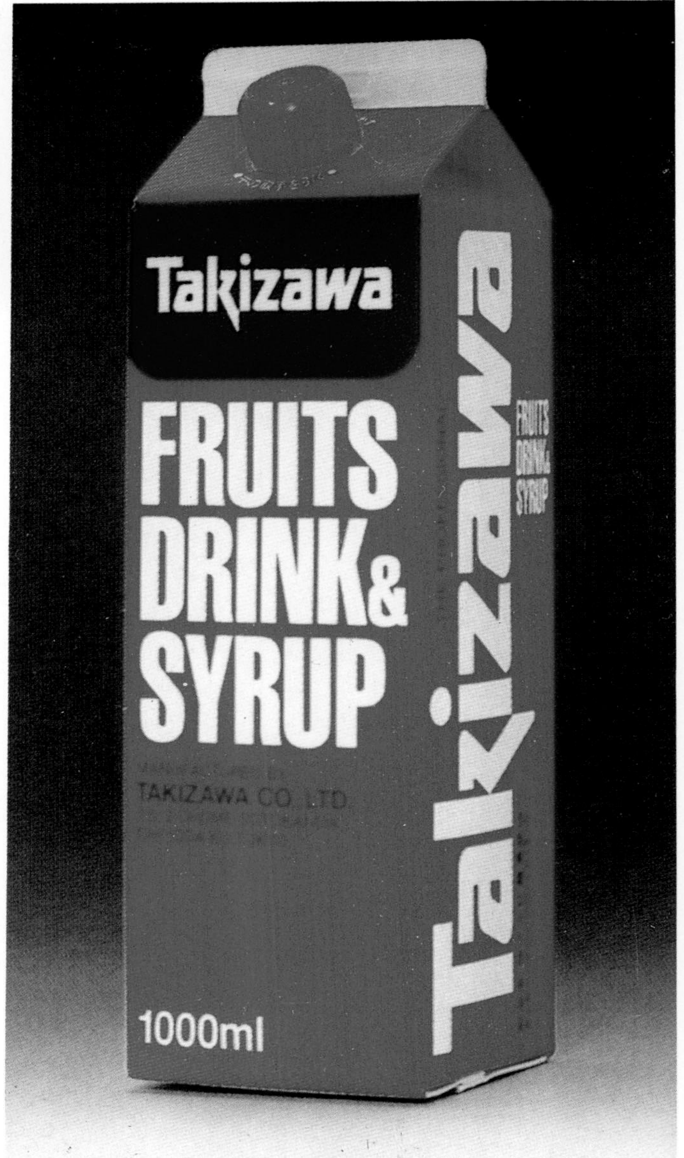
Takizawa
FRUITS
DRINK&
SYRUP
TAKIZAWA CO. LTD.
1000ml
Takizawa
FRUITS
DRINK&
SYRUP

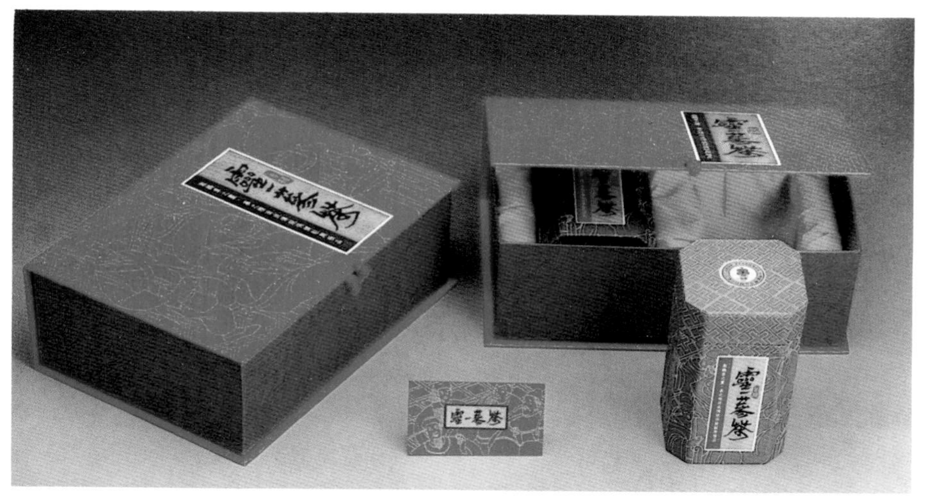

中國文物

3 O'CLOCK
ビタミンAメイン
3 O'CLOCK
ビタミンCメイン
3 O'CLOCK
VEグミ
3

TOPWAY INTERNATIONAL ENTERPRISE CO., LTD.
SHAKER
HEALTH RECREATION

Sportas
スポルタス スプレー
MUSCULAR ACHES AND FATIGUE
70ml

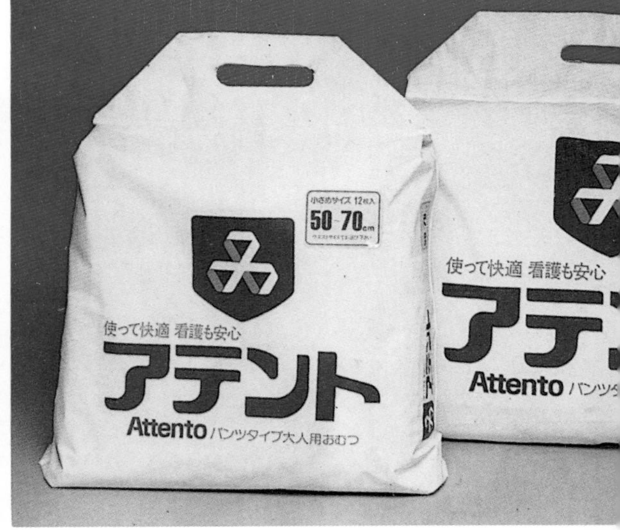
使って快適 看護も安心
アテント
Attento パンツタイプ大人用おむつ
50-70cm

百龄 塩粒 牙膏
NEW

SHAPE UP ROLLER III
•シェイプアップローラーIII•

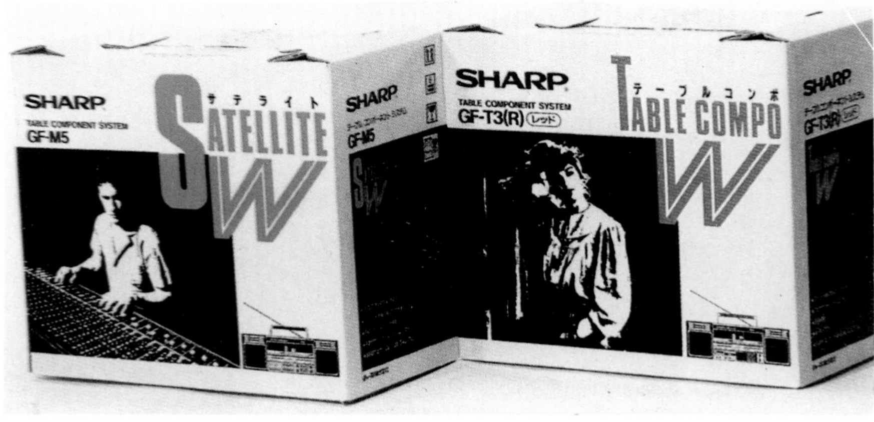
SHARP
TABLE COMPONENT SYSTEM
GF-M5
SATELLITE
サテライト
SW
SHARP
TABLE COMPONENT SYSTEM
GF-T3(R) レッド
TABLE COMPO
テーブルコンポ
W

Merry Christmas
TOWER RECORDS
Merry Christmas
TOWER RECORDS
春風 面紙
Allegro
Facial Tissues
春風 面紙
Benetton Formula 1
Benetton Formula 1
Benetton Formula 1
Gugelhuf
Gugelhuf
Gugelhuf
Gugelhuf

グリコ
手づくりの味
ポークウインナー
マイルドスモーク
JAS
上級
69.10.24

GRAND UNION
WILD BIRD FOOD

GRAND UNION
CARDINAL
SUNFLOWER SEED
FAVORITE FOOD OF SEED-EATING SONGBIRDS
NET WT. 32 OZ (2 LB) 907 GRAMS

VHF
WIRELESS
SPEAKER
SYSTEM
PROFESSIONAL
HIGH
FIDELITY
WIRELESS
HEADPHONE
SYSTEM
WH-98
RECEIVER

National
MC-25
RECHARGEABLE
BIRDIE
National
MC-25
RECHARGEABLE
BIRDIE
National
MC-25
RECHARGEABLE
BIRDIE

ここからお切り下さい。
フレッシュ果汁・果肉
ビタミン入
LIFE
Black Currant
ブラックカラントキャンディ
Healthy & Beauty
SAKUMA SEIKA CO.,LTD.

ここからお切り下さい。
生きている乳酸菌
ビタミン入
LIFE
Life Yoghurt
CANDY
Healthy & Beauty
SAKUMA SEIKA CO.,LTD.

小乖乖桶

Apple Wine
SOFT
Apple Wine
SOFT
Apple Wine
SOFT
Apple Wine
SOFT

小乖乖桶

Minute Maid
Fruit Juicee
FROZEN SNACKS
Minute Maid
Fruit Juicee
GRAPE
FROZEN SNACKS

小乖乖桶

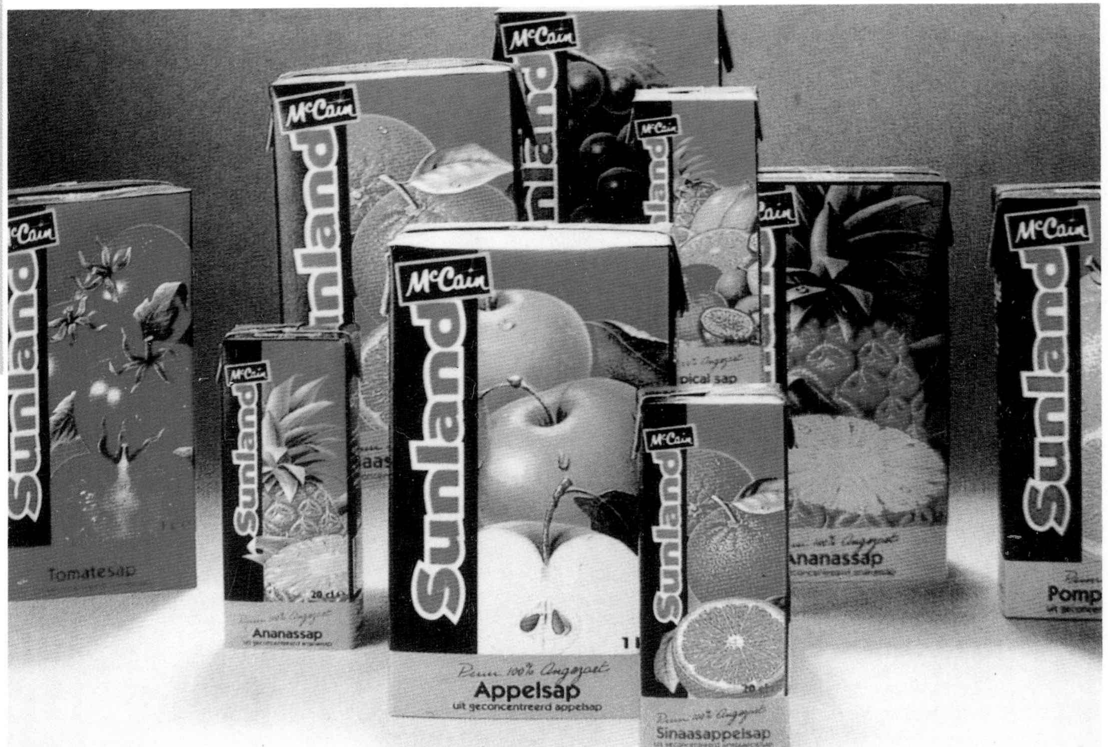

McCain
Sunland
Tomatesap
Ananassap
Appelsap
uit geconcentreerd appelsap
Sinaasappelsap
Ananassap

花様
KAYO
シワ・タルミができます。
透明感のあるサポートタイプです。
静電防止加工
KY-2000
KY-2001

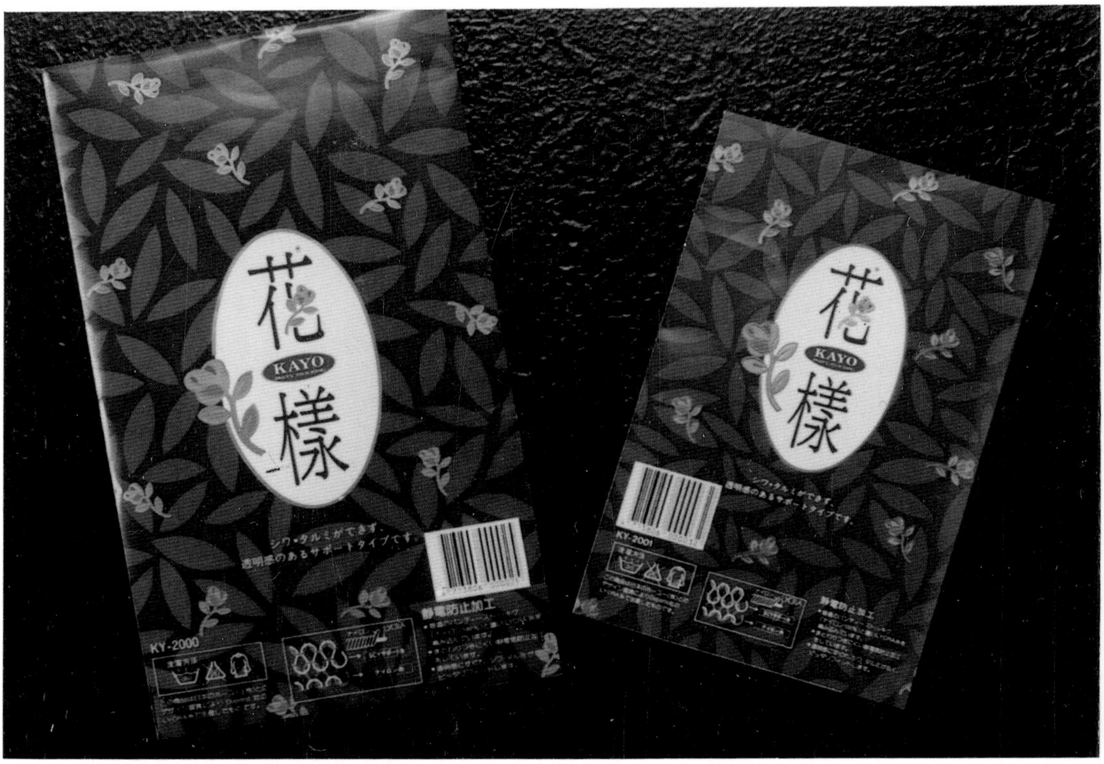

附

包装结构图展示

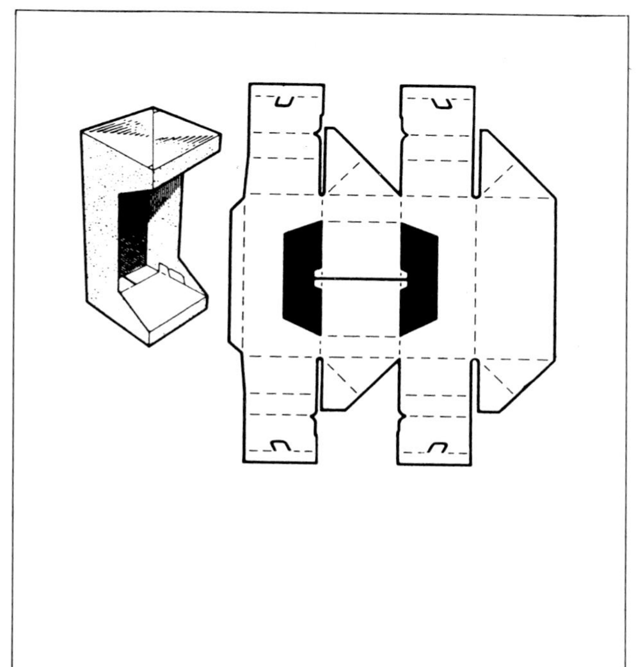

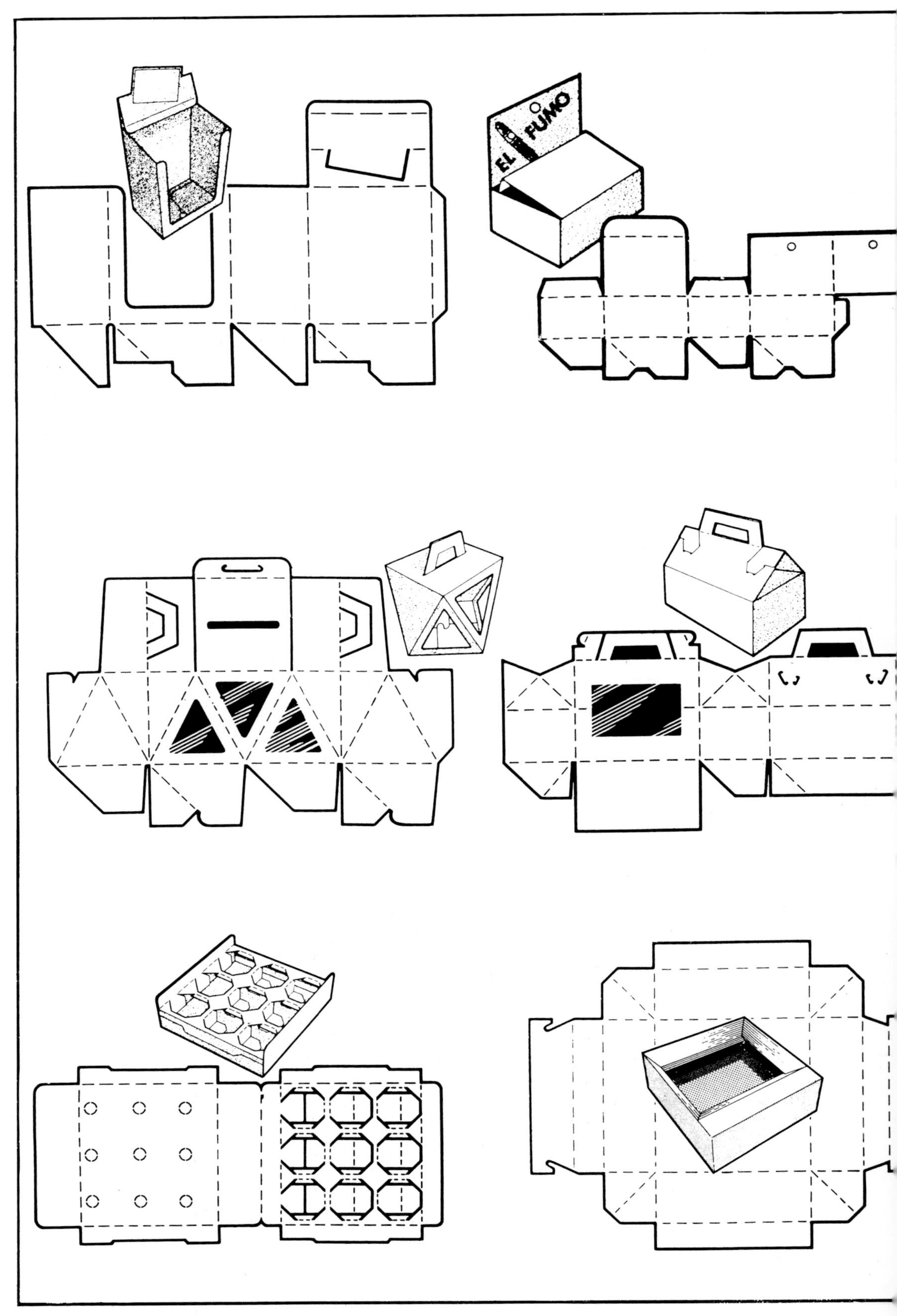
EL FUMO

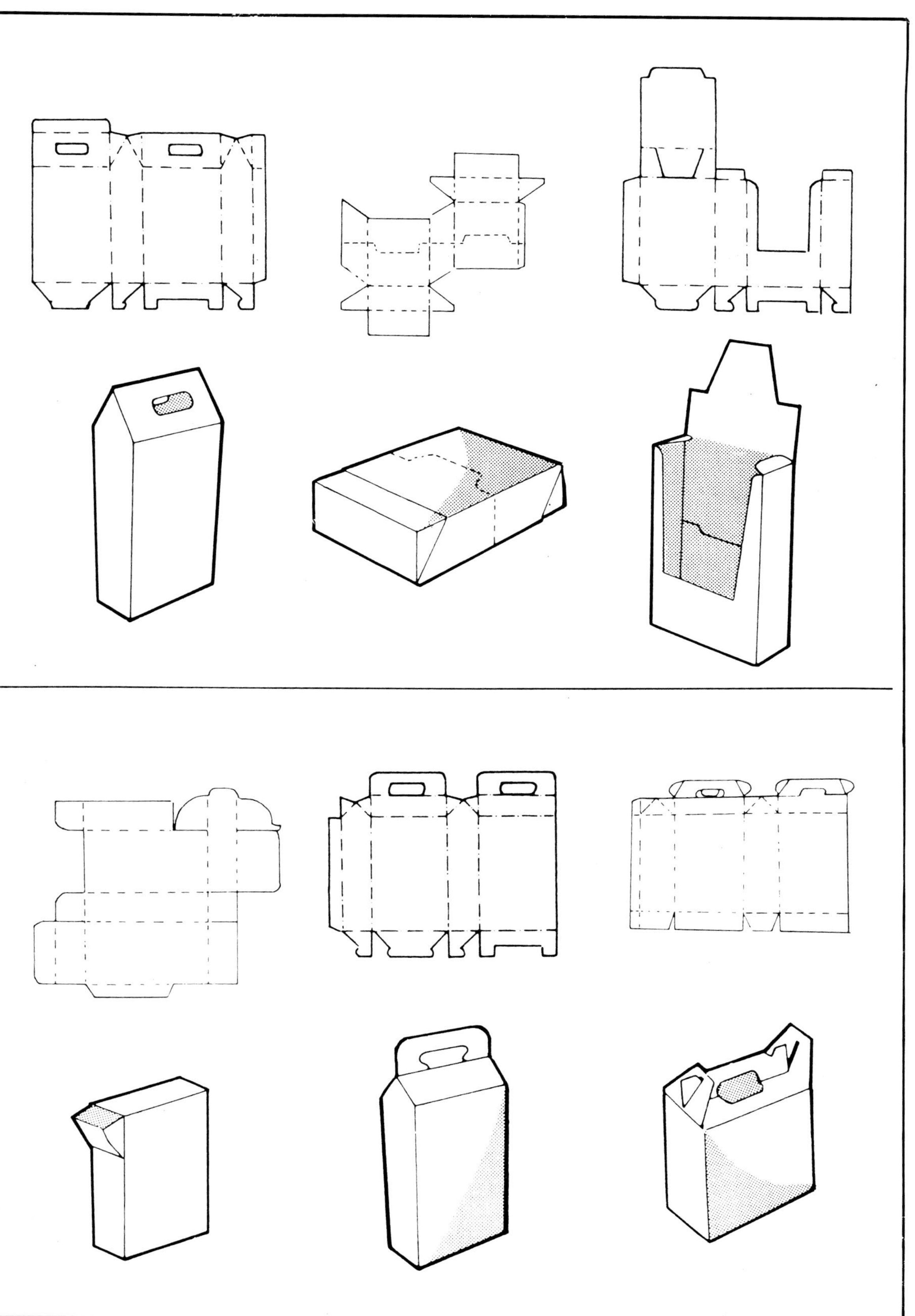

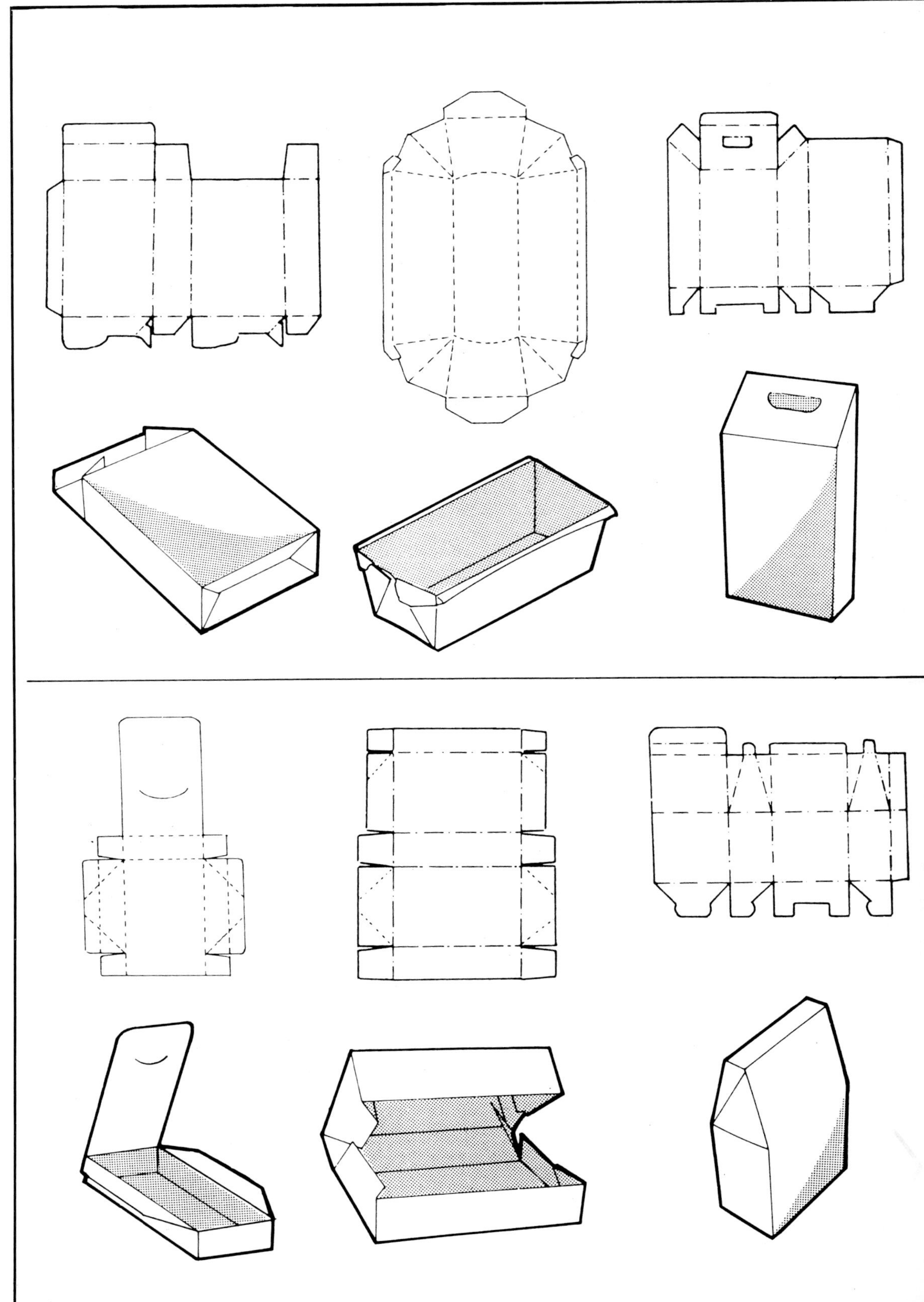

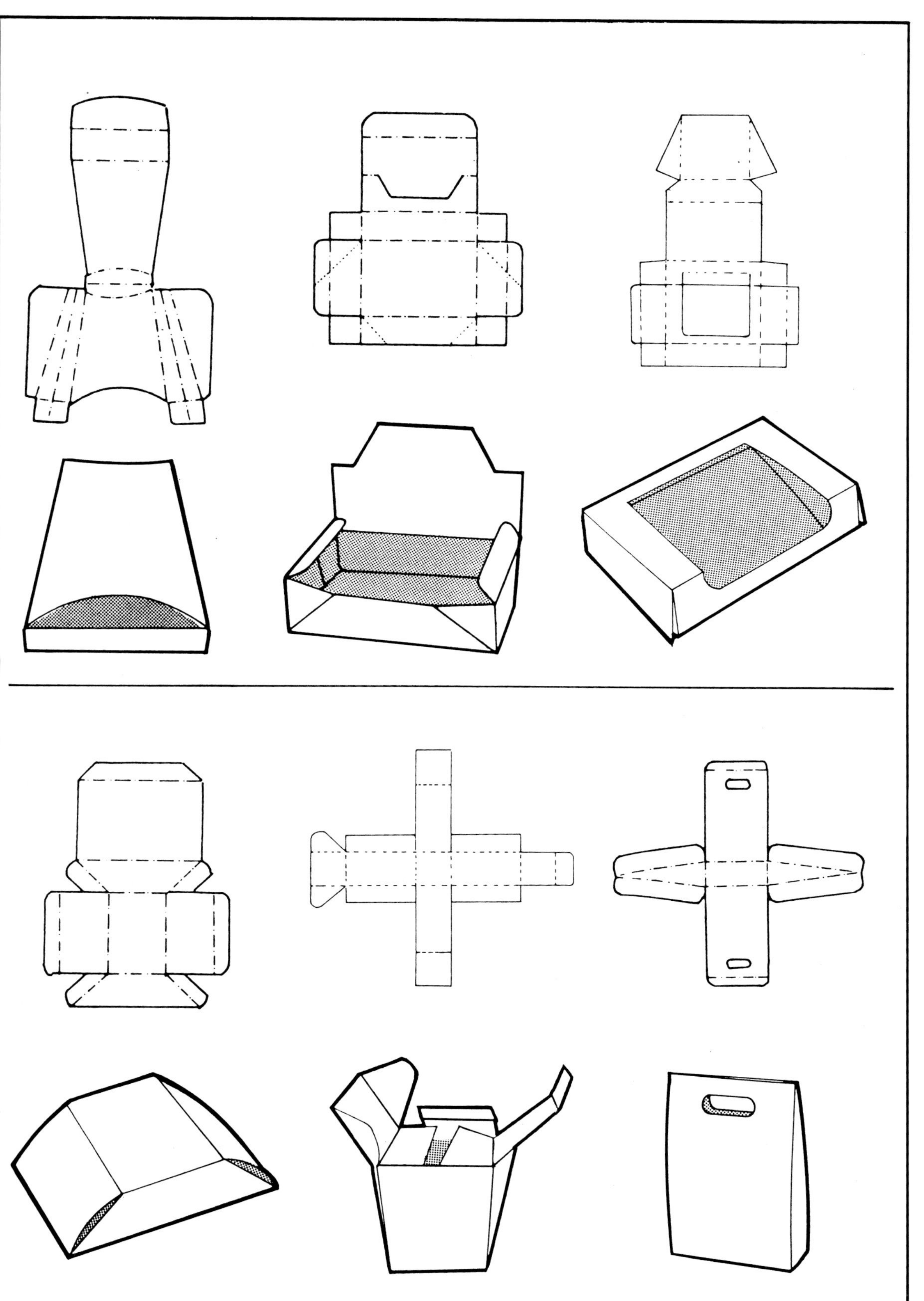

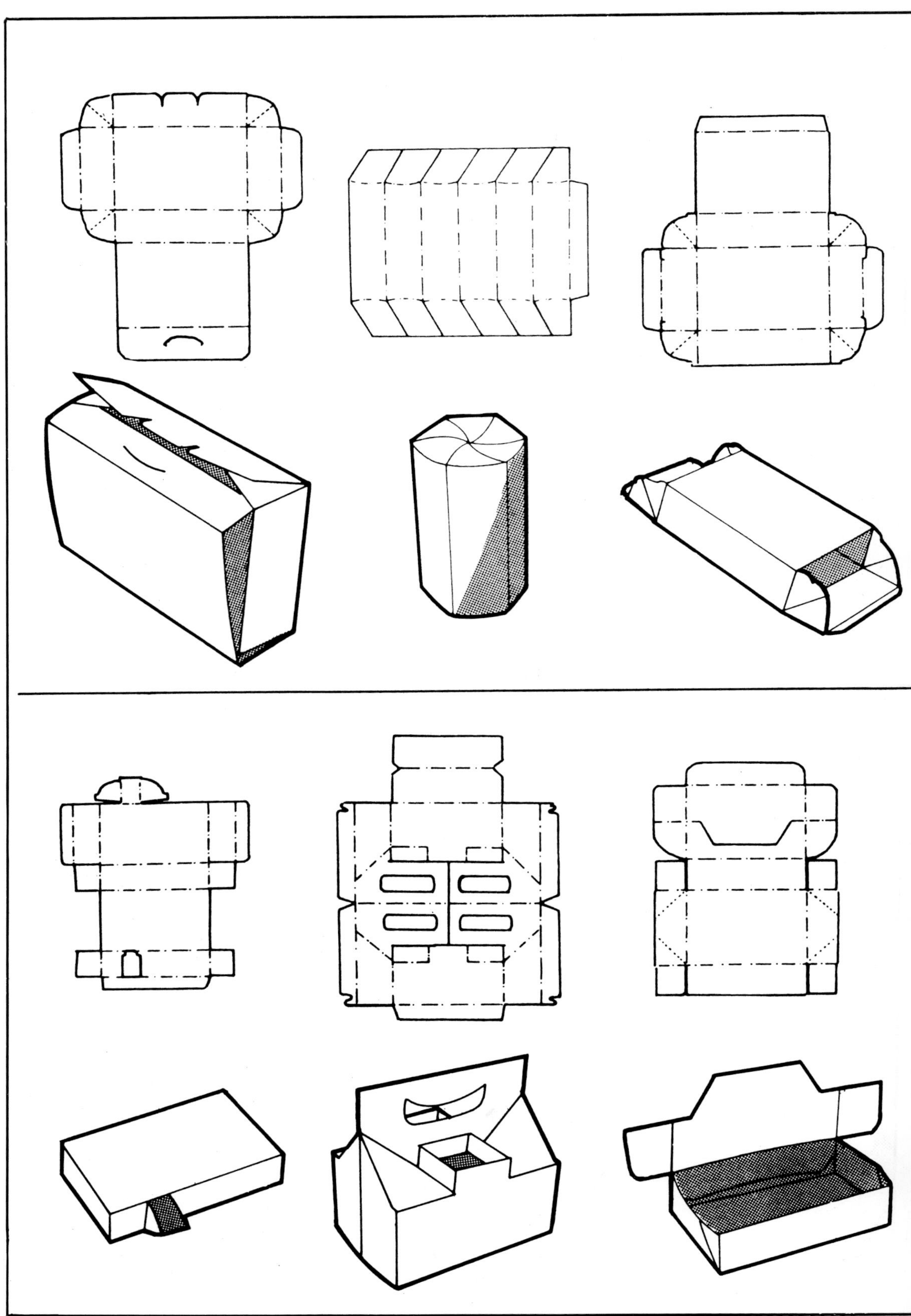

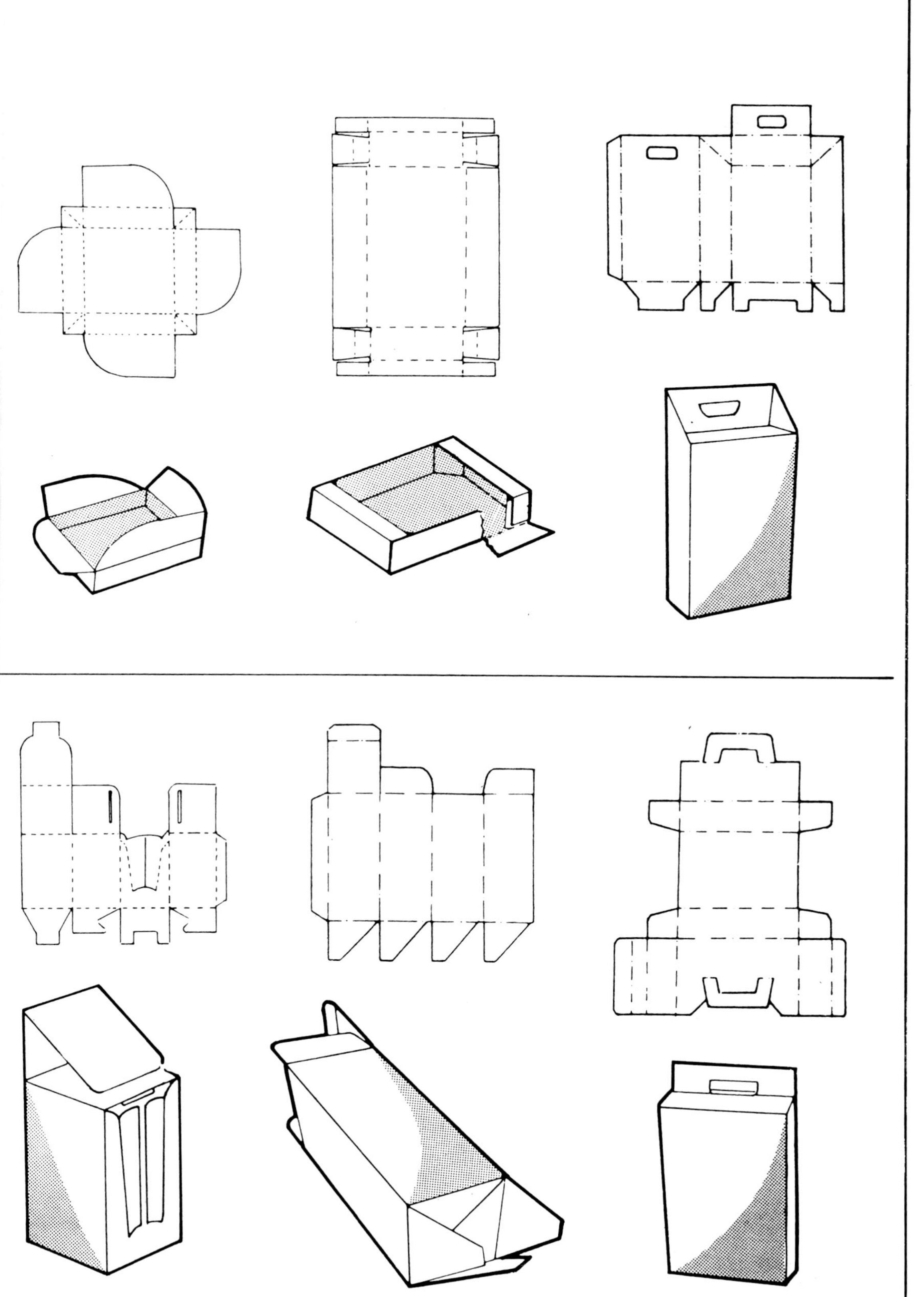

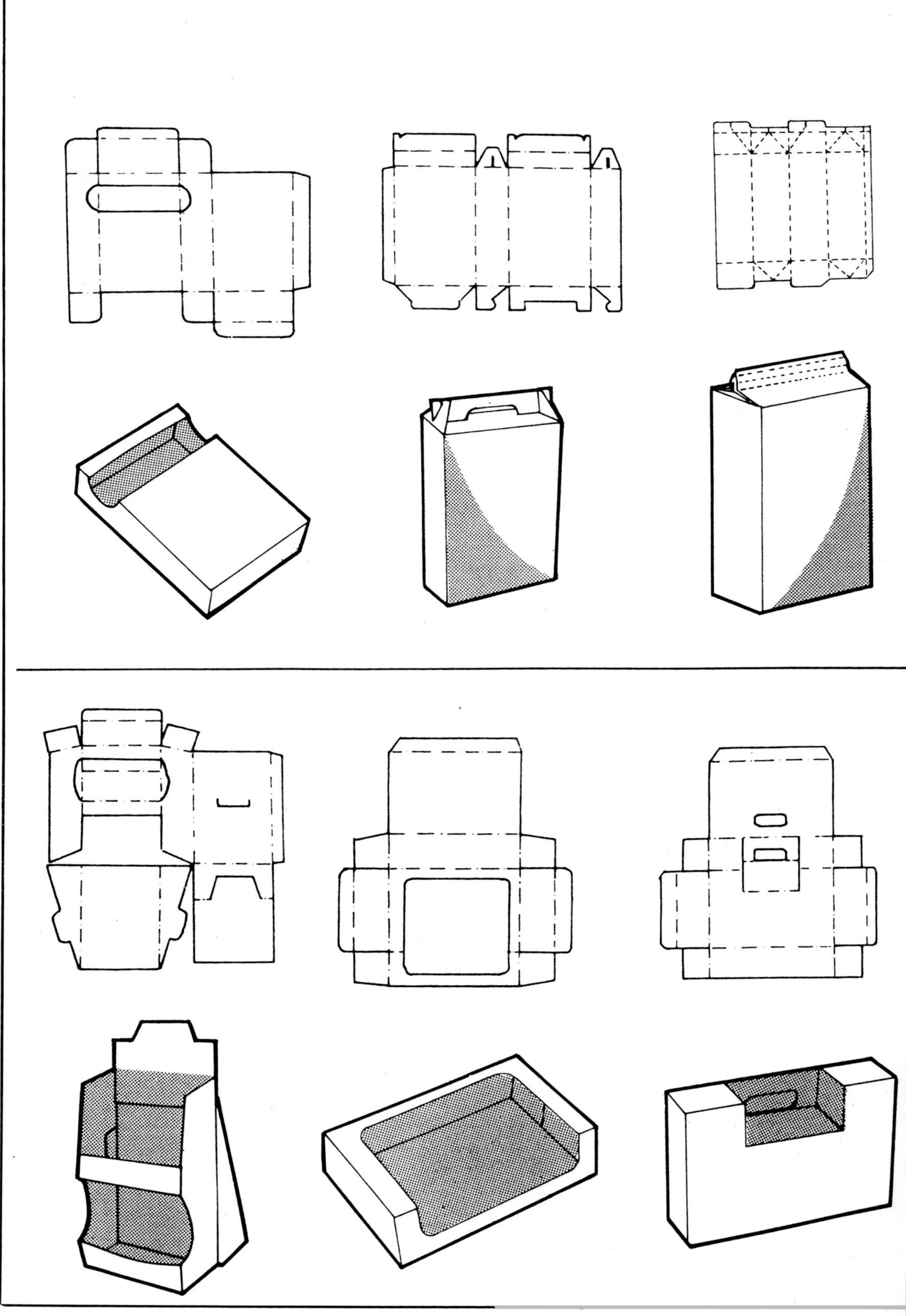

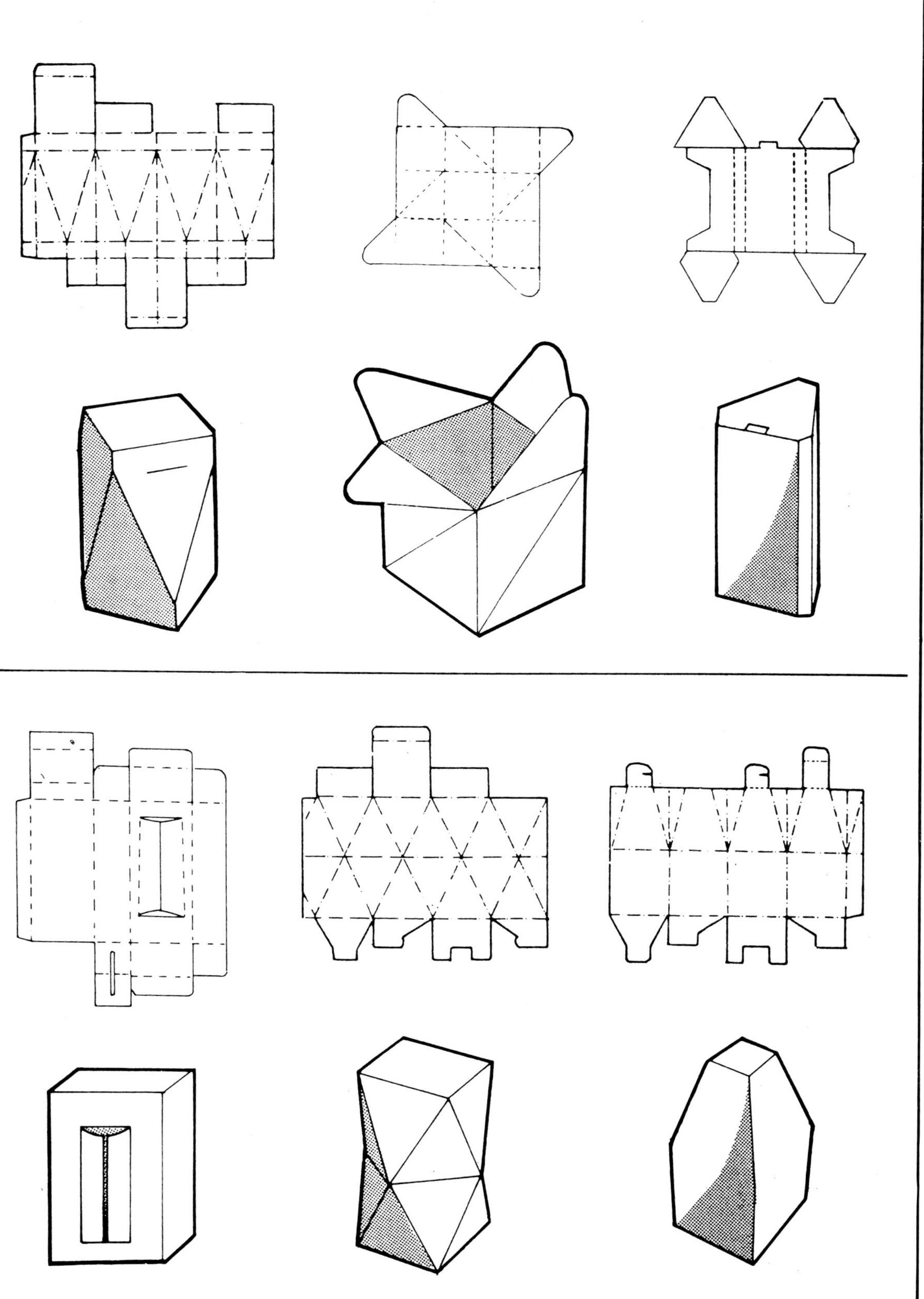

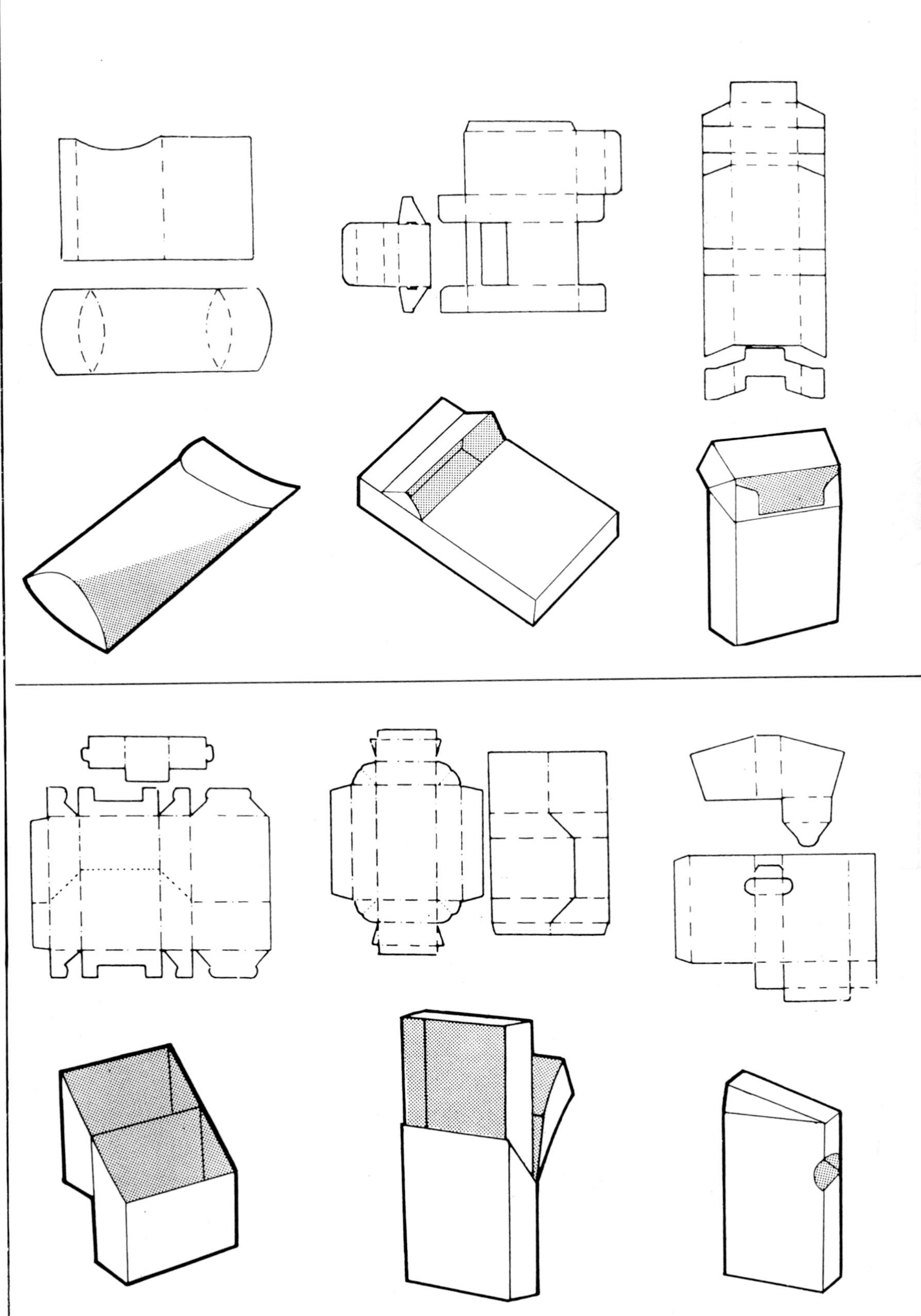

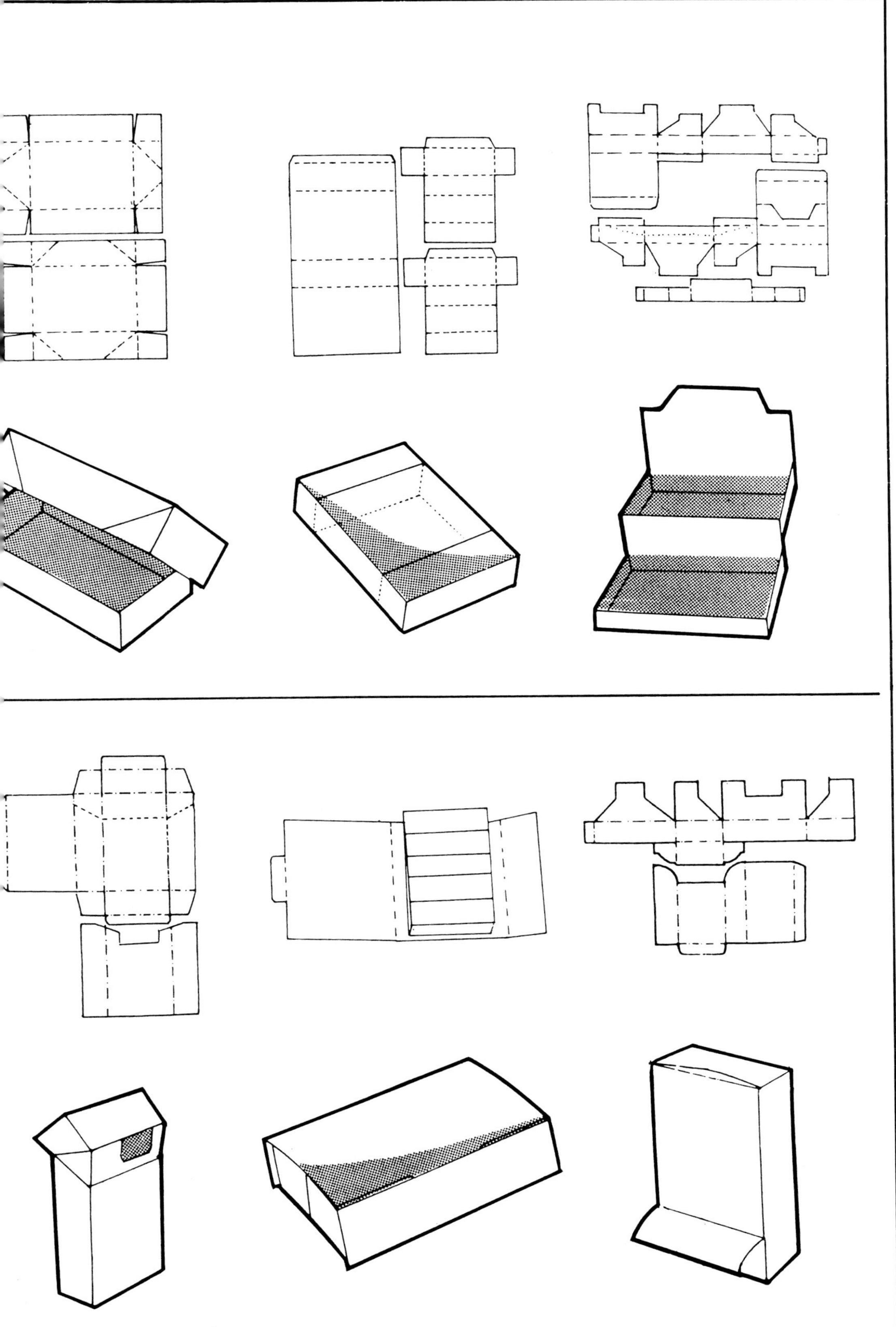

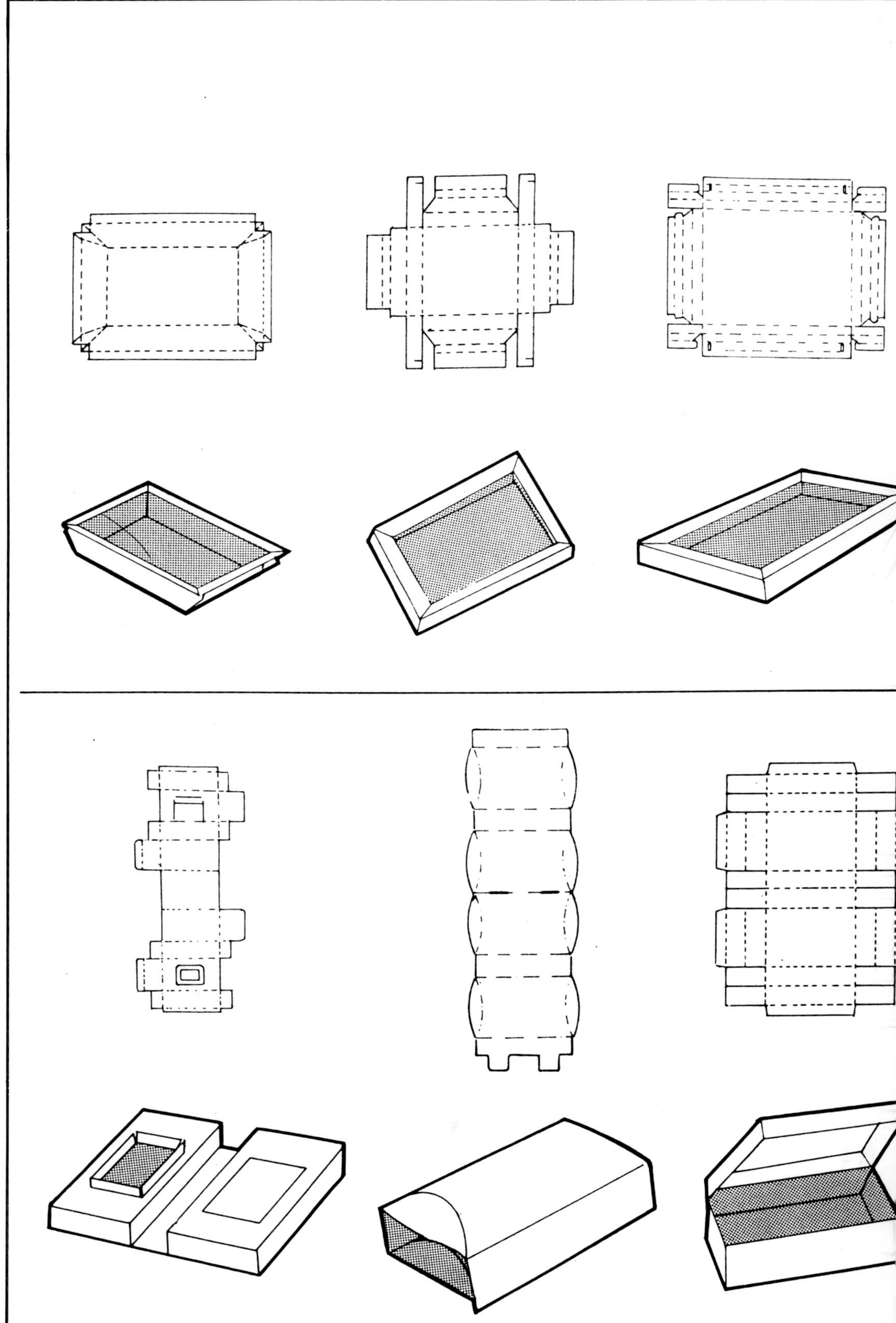

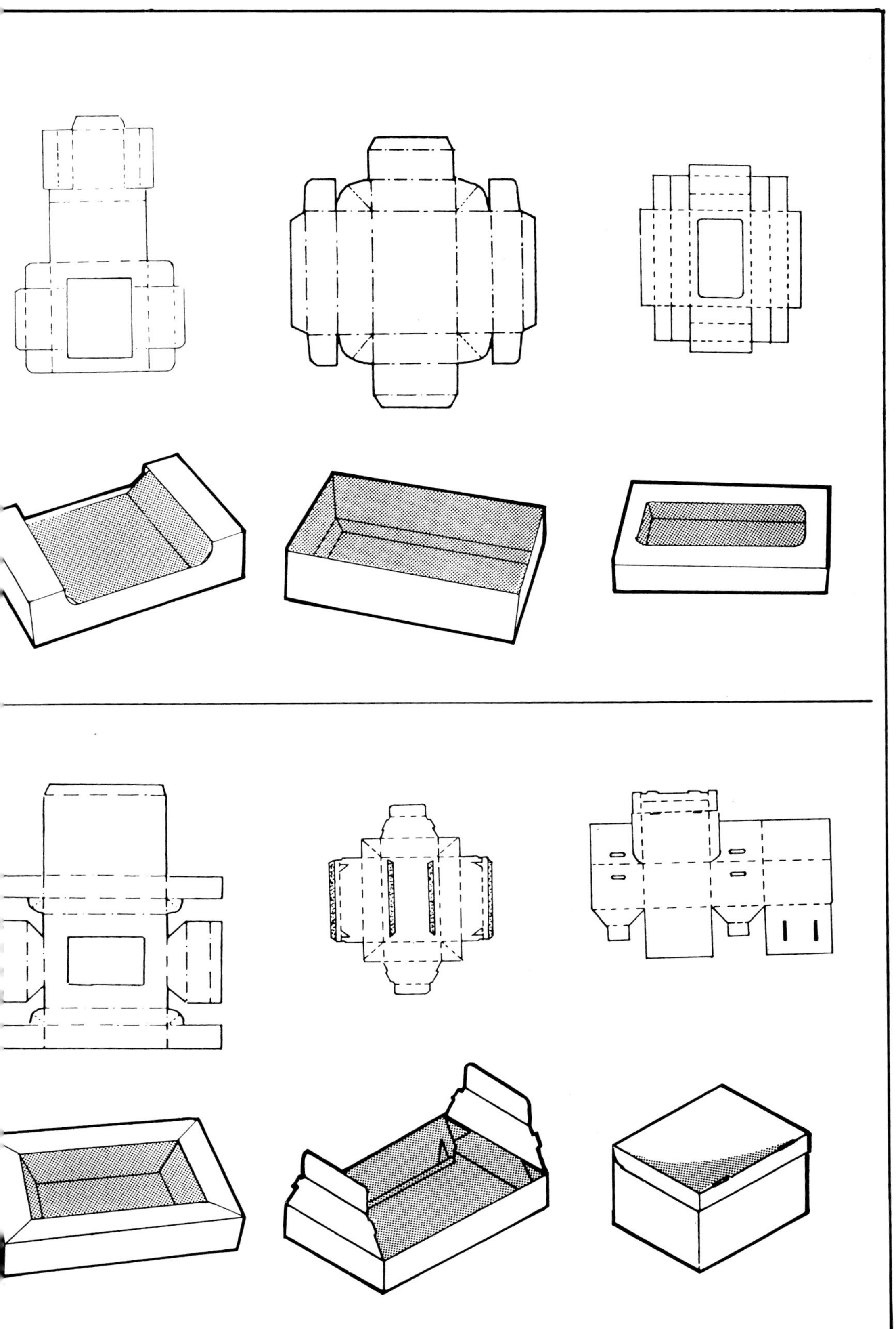

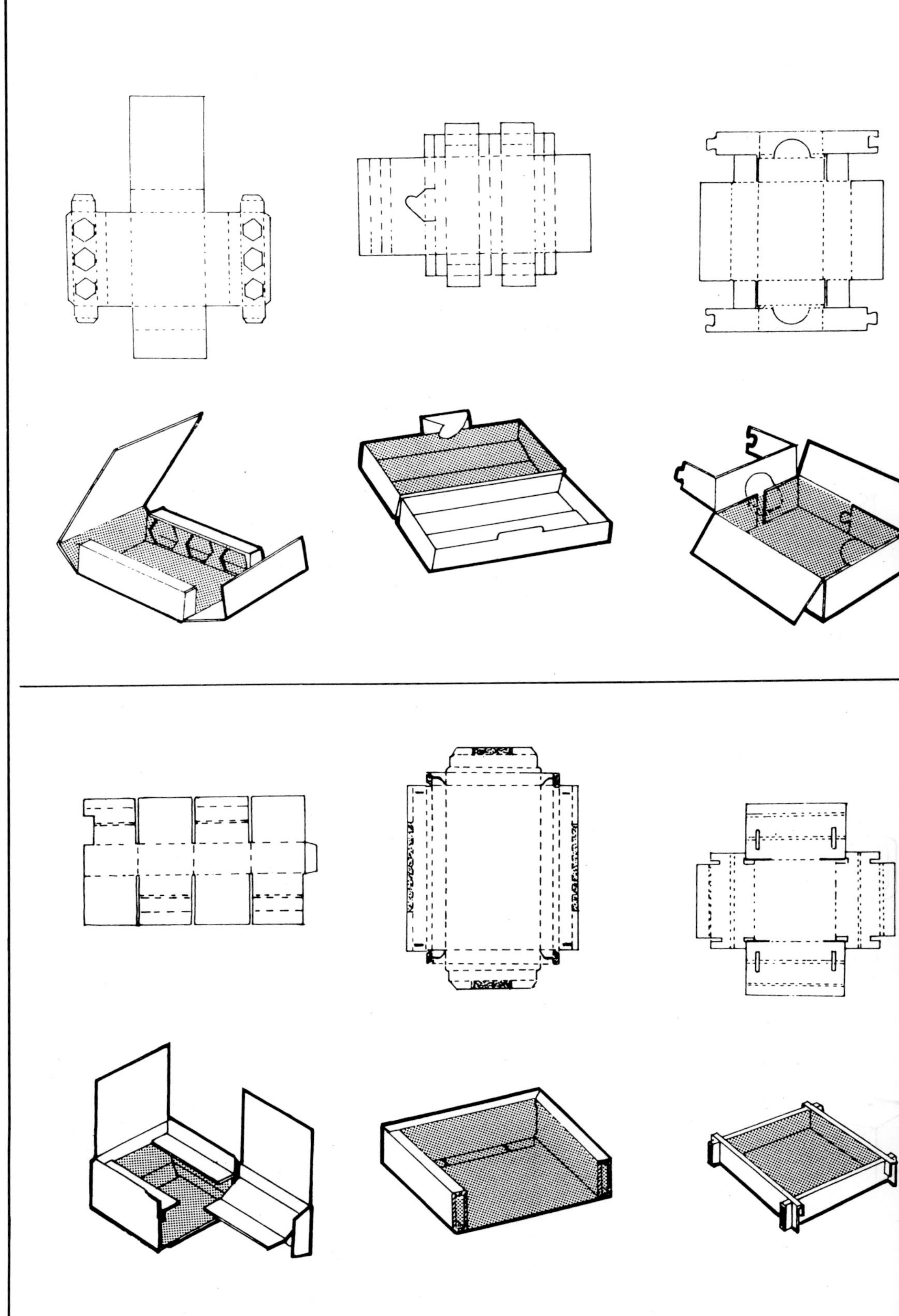

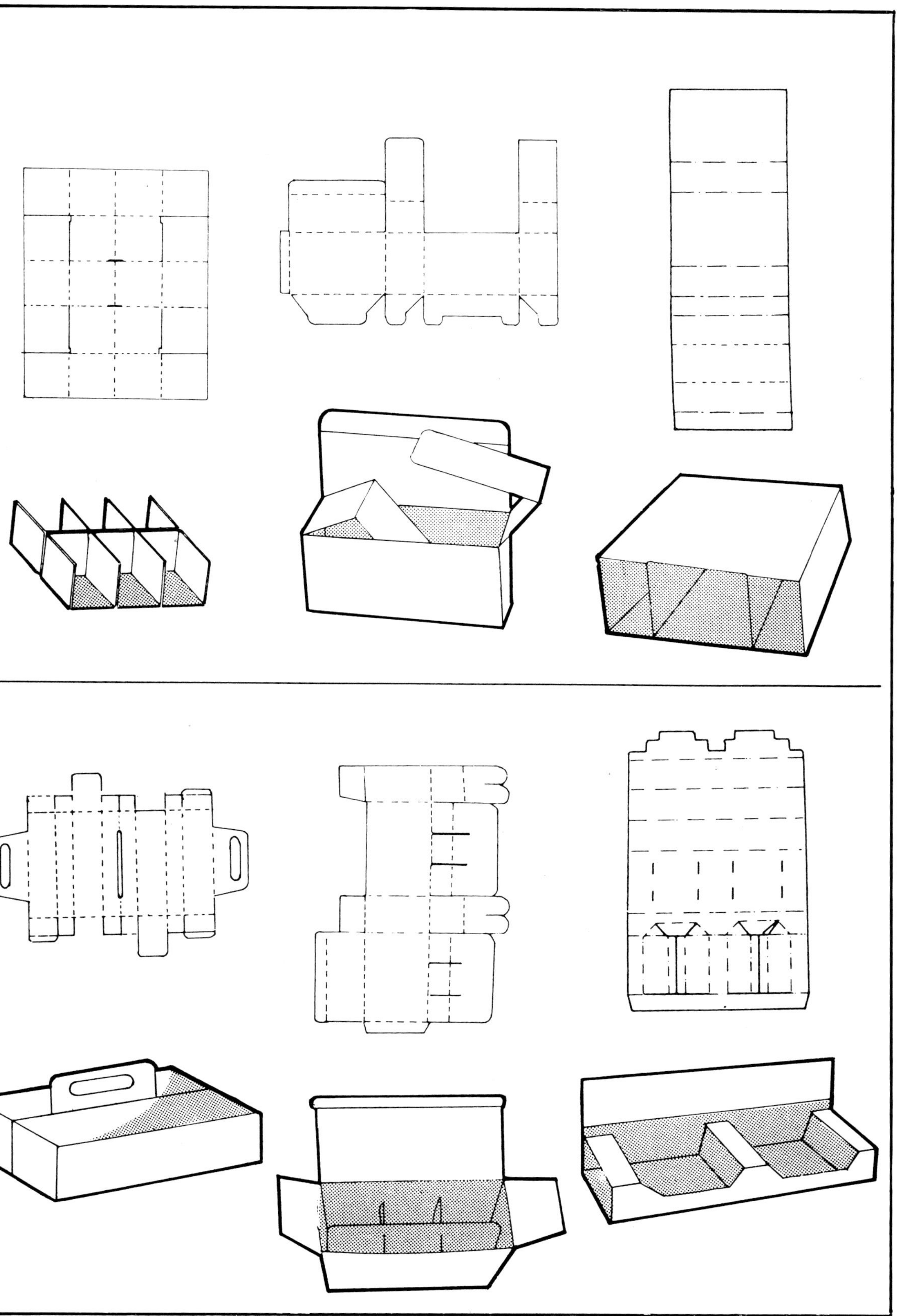

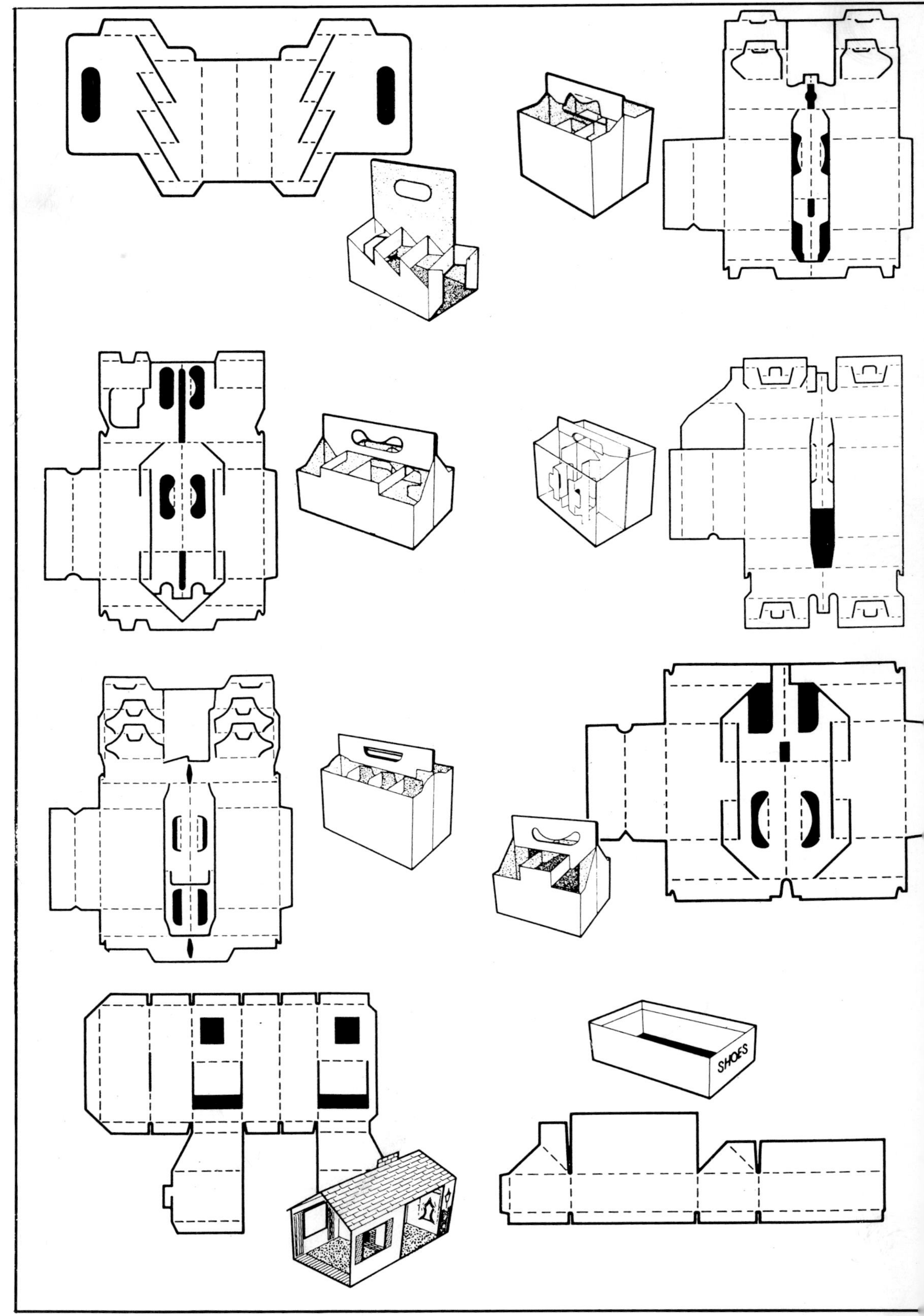
SHOES